AF203663

Tabellen
zur
Stochastik

Friedrich Barth · Helmut Bergold
Rudolf Haller

Si tibi molestum accidit calculum inire, Tabulam inspice, quam nos ipsi confecimus, ut ab improbo ineundi calculi labore te liberaremus.

Wenn es dir Mühe oder Verdruss bereitet, Berechnungen vorzunehmen, dann schau in die Tafel hinein, die wir hergestellt haben, um dir die übermäßige Anstrengung zu ersparen, selbst rechnen zu müssen.

CASPAR KNITTEL (1644–1702)
Via regia ad omnes scientias et artes
»Königsweg zu allen Wissenschaften
und Künsten« – Prag 1682

Oldenbourg

Die auf dem Umschlag wiedergegebene Tabelle stammt aus dem *Traicte des chiffres ou secretes manieres d'escrire* (Paris 1586) des vor allem als Übersetzer bekannt gewordenen Blaise DE VIGENÈRE (1523–1596). Die von uns von XVII bis XXII lila und in der »Summe« grau unterlegten Ziffern sind falsch. Nur ein einziges Mal hat sich VIGENÈRE verrechnet, aber die falsche Ziffer 5 in 17! hat Konsequenzen für alle folgenden Fakultäten und die Summe. Die richtigen Werte findet man auf Seite 4, die Summe von 1! bis 22! hat den Wert 1 177 652 997 443 428 940 313.

Die vorliegenden Tabellen zur Stochastik sind als Hilfsmittel bei der Bearbeitung von Aufgaben aus der Wahrscheinlichkeitsrechnung und Statistik gedacht. Ihre Verwendung auch bei Prüfungen ermöglicht es, praxisnahe Aufgaben zu behandeln, deren Diskussion sonst wegen des zu großen numerischen Aufwands nicht möglich wäre.
Als ergänzendes Hilfsmittel empfiehlt sich ein elektronischer Taschenrechner.
Bei der Auswahl der Tabellen wurden nur solche berücksichtigt, bei denen die Ermittlung der Werte durch Taschenrechner einen unverhältnismäßig großen Rechenaufwand erfordern würde.

Umschlag: Rudolf Haller
Satz: DW & ID Repro- und Satzzentrum GmbH

www.cornelsen.de

4. Auflage, 15. Druck 2023

© 1997 Oldenbourg Schulbuchverlag GmbH, München
© 2016 Cornelsen Verlag GmbH, Berlin

Druck: H. Heenemann, Berlin

ISBN 978-3-637-03431-0

PEFC zertifiziert
Dieses Produkt stammt aus nachhaltig
bewirtschafteten Wäldern und kontrollierten
Quellen.

www.pefc.de

PEFC/04-31-1156

Inhalt

Hinweis:
Falls die Tabellenwerte nicht den genauen Wert wiedergeben, ist die letzte Stelle gerundet.

Genaue Werte der Fakultäten 1! bis 50!

n	n!
1	1
2	2
3	6
4	24
5	120
6	720
7	5040
8	40320
9	362880
10	3628800
11	39916800
12	479001600
13	6227020800
14	87178291200
15	1307674368000
16	20922789888000
17	355687428096000
18	6402373705728000
19	121645100408832000
20	2432902008176640000
21	51090942171709440000
22	1124000727777607680000
23	25852016738884976640000
24	620448401733239439360000
25	15511210043330985984000000
26	403291461126605635584000000
27	10888869450418352160768000000
28	304888344611713860501504000000
29	8841761993739701954543616000000
30	265252859812191058636308480000000
31	8222838654177922817725562880000000
32	263130836933693530167218012160000000
33	8683317618811886495518194401280000000
34	295232799039604140847618609643520000000
35	10333147966386144929666651337523200000000
36	371993326789901217467999448150835200000000
37	13763753091226345046315979581580902400000000
38	523022617466601111760007224100074291200000000
39	20397882081197443358640281739902897356800000000
40	815915283247897734345611269596115894272000000000
41	33452526613163807108170062053440751665152000000000
42	1405006117752879898543142606244511569936384000000000
43	60415263063373835637355132068513997507264512000000000
44	2658271574788448768043625811014615890319638528000000000
45	119622220865480194561963161495657715064383733760000000000
46	5502622159812088949850305428800254892961651752960000000000
47	258623241511168180642964355153611979969197632389120000000000
48	12413915592536072670862289047373375038521486354677760000000000
49	608281864034267560872252163321295376887552831379210240000000000
50	30414093201713378043612608166064768844377641568960512000000000000

1625 erstellt der französische Minime Marin MERSENNE (1588–1648) in *La Vérité des Sciences* (Paris) eine Fakultätentafel bis 50! und erweitert sie 1635 bis 64!. Ohne Quellenangabe übernimmt sie bis 50! aus MERSENNES *Harmonie Universelle* (Paris 1636), mitsamt ihren Druck- und Rechenfehlern, der deutsche Jesuit Athanasius KIRCHER (1602–1680) in seine *Ars magna sciendi* (Amsterdam 1669). Die erste fehlerfreie große Fakultätentafel errechnet sein Schüler, der deutsche Jesuit Caspar KNITTEL (1644–1702). Seine TABVLA COMBINATORIA *aut potius* PERMVTATORIA veröffentlicht er 1682 in Prag in seiner *Via regia ad omnes scientias et artes*. Die obige Darstellung entnahmen wir der 1759 in Augsburg erschienenen, besser lesbaren dritten Auflage.

Fakultäten $n!$ und * **Primzahlen**

	n	$n!$
	0	1
	1	1
*	2	2
*	3	6
	4	24
*	5	120
	6	720
*	7	5040
	8	40320
	9	362880
	10	3628800
*	11	39916800
	12	479001600
*	13	6227020800
	14	87178291200
	15	1307674368000
	16	20922789888000
*	17	$3,556874 \cdot 10^{14}$
	18	$6,402374 \cdot 10^{15}$
*	19	$1,216451 \cdot 10^{17}$
	20	$2,432902 \cdot 10^{18}$
	21	$5,109094 \cdot 10^{19}$
	22	$1,124001 \cdot 10^{21}$
*	23	$2,585202 \cdot 10^{22}$
	24	$6,204484 \cdot 10^{23}$
	25	$1,551121 \cdot 10^{25}$
	26	$4,032915 \cdot 10^{26}$
	27	$1,088887 \cdot 10^{28}$
	28	$3,048883 \cdot 10^{29}$
*	29	$8,841762 \cdot 10^{30}$
	30	$2,652529 \cdot 10^{32}$
*	31	$8,222839 \cdot 10^{33}$
	32	$2,631308 \cdot 10^{35}$
	33	$8,683318 \cdot 10^{36}$
	34	$2,952328 \cdot 10^{38}$
	35	$1,033315 \cdot 10^{40}$
	36	$3,719933 \cdot 10^{41}$
*	37	$1,376375 \cdot 10^{43}$
	38	$5,230226 \cdot 10^{44}$
	39	$2,039788 \cdot 10^{46}$
	40	$8,159153 \cdot 10^{47}$
*	41	$3,345253 \cdot 10^{49}$
	42	$1,405006 \cdot 10^{51}$
*	43	$6,041526 \cdot 10^{52}$
	44	$2,658272 \cdot 10^{54}$
	45	$1,196222 \cdot 10^{56}$
	46	$5,502622 \cdot 10^{57}$
*	47	$2,586232 \cdot 10^{59}$
	48	$1,241392 \cdot 10^{61}$
	49	$6,082819 \cdot 10^{62}$
	50	$3,041409 \cdot 10^{64}$
	51	$1,551119 \cdot 10^{66}$
	52	$8,065818 \cdot 10^{67}$
*	53	$4,274883 \cdot 10^{69}$
	54	$2,308437 \cdot 10^{71}$
	55	$1,269640 \cdot 10^{73}$
	56	$7,109986 \cdot 10^{74}$
	57	$4,052692 \cdot 10^{76}$
	58	$2,350561 \cdot 10^{78}$
*	59	$1,386831 \cdot 10^{80}$
	60	$8,320987 \cdot 10^{81}$
*	61	$5,075802 \cdot 10^{83}$
	62	$3,146997 \cdot 10^{85}$
	63	$1,982608 \cdot 10^{87}$
	64	$1,268869 \cdot 10^{89}$
	65	$8,247651 \cdot 10^{90}$
	66	$5,443449 \cdot 10^{92}$
*	67	$3,647111 \cdot 10^{94}$
	68	$2,480036 \cdot 10^{96}$
	69	$1,711225 \cdot 10^{98}$
	70	$1,197857 \cdot 10^{100}$
*	71	$8,504786 \cdot 10^{101}$
	72	$6,123446 \cdot 10^{103}$
*	73	$4,470115 \cdot 10^{105}$
	74	$3,307885 \cdot 10^{107}$
	75	$2,480914 \cdot 10^{109}$
	76	$1,885495 \cdot 10^{111}$
	77	$1,451831 \cdot 10^{113}$
	78	$1,132428 \cdot 10^{115}$
*	79	$8,946182 \cdot 10^{116}$
	80	$7,156946 \cdot 10^{118}$
	81	$5,797126 \cdot 10^{120}$
	82	$4,753643 \cdot 10^{122}$
*	83	$3,945524 \cdot 10^{124}$
	84	$3,314240 \cdot 10^{126}$
	85	$2,817104 \cdot 10^{128}$
	86	$2,422710 \cdot 10^{130}$
	87	$2,107757 \cdot 10^{132}$
	88	$1,854826 \cdot 10^{134}$
*	89	$1,650796 \cdot 10^{136}$
	90	$1,485716 \cdot 10^{138}$
	91	$1,352002 \cdot 10^{140}$
	92	$1,243841 \cdot 10^{142}$
	93	$1,156773 \cdot 10^{144}$
	94	$1,087366 \cdot 10^{146}$
	95	$1,032998 \cdot 10^{148}$
	96	$9,916779 \cdot 10^{149}$
*	97	$9,619276 \cdot 10^{151}$
	98	$9,426890 \cdot 10^{153}$
	99	$9,332621 \cdot 10^{155}$
	100	$9,332621 \cdot 10^{157}$
*	101	$9,425948 \cdot 10^{159}$
	102	$9,614467 \cdot 10^{161}$
*	103	$9,902901 \cdot 10^{163}$
	104	$1,029902 \cdot 10^{166}$
	105	$1,081397 \cdot 10^{168}$
	106	$1,146281 \cdot 10^{170}$
*	107	$1,226520 \cdot 10^{172}$
	108	$1,324642 \cdot 10^{174}$
*	109	$1,443860 \cdot 10^{176}$
	110	$1,588246 \cdot 10^{178}$
	111	$1,762953 \cdot 10^{180}$
	112	$1,974507 \cdot 10^{182}$
*	113	$2,231193 \cdot 10^{184}$
	114	$2,543560 \cdot 10^{186}$
	115	$2,925094 \cdot 10^{188}$
	116	$3,393109 \cdot 10^{190}$
	117	$3,969937 \cdot 10^{192}$
	118	$4,684526 \cdot 10^{194}$
	119	$5,574586 \cdot 10^{196}$
	120	$6,689503 \cdot 10^{198}$
	121	$8,094298 \cdot 10^{200}$
	122	$9,875044 \cdot 10^{202}$
	123	$1,214630 \cdot 10^{205}$
	124	$1,506142 \cdot 10^{207}$
	125	$1,882677 \cdot 10^{209}$
	126	$2,372173 \cdot 10^{211}$
*	127	$3,012660 \cdot 10^{213}$
	128	$3,856205 \cdot 10^{215}$
	129	$4,974504 \cdot 10^{217}$
	130	$6,466855 \cdot 10^{219}$
*	131	$8,471581 \cdot 10^{221}$
	132	$1,118249 \cdot 10^{224}$
	133	$1,487271 \cdot 10^{226}$
	134	$1,992943 \cdot 10^{228}$
	135	$2,690473 \cdot 10^{230}$
	136	$3,659043 \cdot 10^{232}$
*	137	$5,012889 \cdot 10^{234}$
	138	$6,917786 \cdot 10^{236}$
*	139	$9,615723 \cdot 10^{238}$
	140	$1,346201 \cdot 10^{241}$
	141	$1,898144 \cdot 10^{243}$
	142	$2,695364 \cdot 10^{245}$
	143	$3,854371 \cdot 10^{247}$
	144	$5,550294 \cdot 10^{249}$
	145	$8,047926 \cdot 10^{251}$
	146	$1,174997 \cdot 10^{254}$
	147	$1,727246 \cdot 10^{256}$
	148	$2,556324 \cdot 10^{258}$
*	149	$3,808923 \cdot 10^{260}$

Fakultäten $n!$ und * Primzahlen

	n	$n!$		n	$n!$		n	$n!$
	150	$5{,}713384 \cdot 10^{262}$		200	$7{,}886579 \cdot 10^{374}$		250	$3{,}232856 \cdot 10^{492}$
*	151	$8{,}627210 \cdot 10^{264}$		201	$1{,}585202 \cdot 10^{377}$	*	251	$8{,}114469 \cdot 10^{494}$
	152	$1{,}311336 \cdot 10^{267}$		202	$3{,}202109 \cdot 10^{379}$		252	$2{,}044846 \cdot 10^{497}$
	153	$2{,}006344 \cdot 10^{269}$		203	$6{,}500280 \cdot 10^{381}$		253	$5{,}173461 \cdot 10^{499}$
	154	$3{,}089770 \cdot 10^{271}$		204	$1{,}326057 \cdot 10^{384}$		254	$1{,}314059 \cdot 10^{502}$
	155	$4{,}789143 \cdot 10^{273}$		205	$2{,}718417 \cdot 10^{386}$		255	$3{,}350851 \cdot 10^{504}$
	156	$7{,}471063 \cdot 10^{275}$		206	$5{,}599940 \cdot 10^{388}$		256	$8{,}578178 \cdot 10^{506}$
*	157	$1{,}172957 \cdot 10^{278}$		207	$1{,}159188 \cdot 10^{391}$	*	257	$2{,}204592 \cdot 10^{509}$
	158	$1{,}853272 \cdot 10^{280}$		208	$2{,}411110 \cdot 10^{393}$		258	$5{,}687846 \cdot 10^{511}$
	159	$2{,}946702 \cdot 10^{282}$		209	$5{,}039220 \cdot 10^{395}$		259	$1{,}473152 \cdot 10^{514}$
	160	$4{,}714724 \cdot 10^{284}$		210	$1{,}058236 \cdot 10^{398}$		260	$3{,}830196 \cdot 10^{516}$
	161	$7{,}590705 \cdot 10^{286}$	*	211	$2{,}232878 \cdot 10^{400}$		261	$9{,}996811 \cdot 10^{518}$
	162	$1{,}229694 \cdot 10^{289}$		212	$4{,}733702 \cdot 10^{402}$		262	$2{,}619164 \cdot 10^{521}$
*	163	$2{,}004402 \cdot 10^{291}$		213	$1{,}008279 \cdot 10^{405}$	*	263	$6{,}888403 \cdot 10^{523}$
	164	$3{,}287219 \cdot 10^{293}$		214	$2{,}157716 \cdot 10^{407}$		264	$1{,}818538 \cdot 10^{526}$
	165	$5{,}423911 \cdot 10^{295}$		215	$4{,}639090 \cdot 10^{409}$		265	$4{,}819126 \cdot 10^{528}$
	166	$9{,}003692 \cdot 10^{297}$		216	$1{,}002043 \cdot 10^{412}$		266	$1{,}281888 \cdot 10^{531}$
*	167	$1{,}503616 \cdot 10^{300}$		217	$2{,}174434 \cdot 10^{414}$		267	$3{,}422640 \cdot 10^{533}$
	168	$2{,}526076 \cdot 10^{302}$		218	$4{,}740266 \cdot 10^{416}$		268	$9{,}172675 \cdot 10^{535}$
	169	$4{,}269068 \cdot 10^{304}$		219	$1{,}038118 \cdot 10^{419}$	*	269	$2{,}467450 \cdot 10^{538}$
	170	$7{,}257416 \cdot 10^{306}$		220	$2{,}283860 \cdot 10^{421}$		270	$6{,}662114 \cdot 10^{540}$
	171	$1{,}241018 \cdot 10^{309}$		221	$5{,}047331 \cdot 10^{423}$	*	271	$1{,}805433 \cdot 10^{543}$
	172	$2{,}134551 \cdot 10^{311}$		222	$1{,}120508 \cdot 10^{426}$		272	$4{,}910777 \cdot 10^{545}$
*	173	$3{,}692773 \cdot 10^{313}$	*	223	$2{,}498732 \cdot 10^{428}$		273	$1{,}340642 \cdot 10^{548}$
	174	$6{,}425426 \cdot 10^{315}$		224	$5{,}597159 \cdot 10^{430}$		274	$3{,}673360 \cdot 10^{550}$
	175	$1{,}124449 \cdot 10^{318}$		225	$1{,}259361 \cdot 10^{433}$		275	$1{,}010174 \cdot 10^{553}$
	176	$1{,}979031 \cdot 10^{320}$		226	$2{,}846155 \cdot 10^{435}$		276	$2{,}788080 \cdot 10^{555}$
	177	$3{,}502885 \cdot 10^{322}$	*	227	$6{,}460773 \cdot 10^{437}$	*	277	$7{,}722982 \cdot 10^{557}$
	178	$6{,}235135 \cdot 10^{324}$		228	$1{,}473056 \cdot 10^{440}$		278	$2{,}146989 \cdot 10^{560}$
*	179	$1{,}116089 \cdot 10^{327}$	*	229	$3{,}373299 \cdot 10^{442}$		279	$5{,}990099 \cdot 10^{562}$
	180	$2{,}008961 \cdot 10^{329}$		230	$7{,}758587 \cdot 10^{444}$		280	$1{,}677228 \cdot 10^{565}$
*	181	$3{,}636219 \cdot 10^{331}$		231	$1{,}792234 \cdot 10^{447}$	*	281	$4{,}713010 \cdot 10^{567}$
	182	$6{,}617918 \cdot 10^{333}$		232	$4{,}157982 \cdot 10^{449}$		282	$1{,}329069 \cdot 10^{570}$
	183	$1{,}211079 \cdot 10^{336}$	*	233	$9{,}688098 \cdot 10^{451}$	*	283	$3{,}761265 \cdot 10^{572}$
	184	$2{,}228385 \cdot 10^{338}$		234	$2{,}267015 \cdot 10^{454}$		284	$1{,}068199 \cdot 10^{575}$
	185	$4{,}122513 \cdot 10^{340}$		235	$5{,}327485 \cdot 10^{456}$		285	$3{,}044368 \cdot 10^{577}$
	186	$7{,}667874 \cdot 10^{342}$		236	$1{,}257286 \cdot 10^{459}$		286	$8{,}706892 \cdot 10^{579}$
	187	$1{,}433892 \cdot 10^{345}$		237	$2{,}979769 \cdot 10^{461}$		287	$2{,}498878 \cdot 10^{582}$
	188	$2{,}695718 \cdot 10^{347}$		238	$7{,}091850 \cdot 10^{463}$		288	$7{,}196768 \cdot 10^{584}$
	189	$5{,}094907 \cdot 10^{349}$	*	239	$1{,}694952 \cdot 10^{466}$		289	$2{,}079866 \cdot 10^{587}$
	190	$9{,}680323 \cdot 10^{351}$		240	$4{,}067885 \cdot 10^{468}$		290	$6{,}031611 \cdot 10^{589}$
*	191	$1{,}848942 \cdot 10^{354}$	*	241	$9{,}803604 \cdot 10^{470}$		291	$1{,}755199 \cdot 10^{592}$
	192	$3{,}549968 \cdot 10^{356}$		242	$2{,}372472 \cdot 10^{473}$		292	$5{,}125181 \cdot 10^{594}$
*	193	$6{,}851438 \cdot 10^{358}$		243	$5{,}765107 \cdot 10^{475}$	*	293	$1{,}501678 \cdot 10^{597}$
	194	$1{,}329179 \cdot 10^{361}$		244	$1{,}406686 \cdot 10^{478}$		294	$4{,}414933 \cdot 10^{599}$
	195	$2{,}591899 \cdot 10^{363}$		245	$3{,}446381 \cdot 10^{480}$		295	$1{,}302405 \cdot 10^{602}$
	196	$5{,}080122 \cdot 10^{365}$		246	$8{,}478097 \cdot 10^{482}$		296	$3{,}855120 \cdot 10^{604}$
*	197	$1{,}000784 \cdot 10^{368}$		247	$2{,}094090 \cdot 10^{485}$		297	$1{,}144971 \cdot 10^{607}$
	198	$1{,}981552 \cdot 10^{370}$		248	$5{,}193343 \cdot 10^{487}$		298	$3{,}412012 \cdot 10^{609}$
*	199	$3{,}943289 \cdot 10^{372}$		249	$1{,}293142 \cdot 10^{490}$		299	$1{,}020192 \cdot 10^{612}$

Fakultäten $n!$ und * **Primzahlen**

	n	$n!$		n	$n!$		n	$n!$
	300	$3,060575 \cdot 10^{614}$		350	$1,235874 \cdot 10^{740}$		400	$6,403452 \cdot 10^{868}$
	301	$9,212331 \cdot 10^{616}$		351	$4,337918 \cdot 10^{742}$	*	401	$2,567784 \cdot 10^{871}$
	302	$2,782124 \cdot 10^{619}$		352	$1,526947 \cdot 10^{745}$		402	$1,032249 \cdot 10^{874}$
	303	$8,429835 \cdot 10^{621}$	*	353	$5,390123 \cdot 10^{747}$		403	$4,159965 \cdot 10^{876}$
	304	$2,562670 \cdot 10^{624}$		354	$1,908104 \cdot 10^{750}$		404	$1,680626 \cdot 10^{879}$
	305	$7,816143 \cdot 10^{626}$		355	$6,773768 \cdot 10^{752}$		405	$6,806534 \cdot 10^{881}$
	306	$2,391740 \cdot 10^{629}$		356	$2,411461 \cdot 10^{755}$		406	$2,763453 \cdot 10^{884}$
*	307	$7,342641 \cdot 10^{631}$		357	$8,608917 \cdot 10^{757}$		407	$1,124725 \cdot 10^{887}$
	308	$2,261534 \cdot 10^{634}$		358	$3,081992 \cdot 10^{760}$		408	$4,588879 \cdot 10^{889}$
	309	$6,988139 \cdot 10^{636}$	*	359	$1,106435 \cdot 10^{763}$	*	409	$1,876852 \cdot 10^{892}$
	310	$2,166323 \cdot 10^{639}$		360	$3,983167 \cdot 10^{765}$		410	$7,695092 \cdot 10^{894}$
*	311	$6,737265 \cdot 10^{641}$		361	$1,437923 \cdot 10^{768}$		411	$3,162683 \cdot 10^{897}$
	312	$2,102027 \cdot 10^{644}$		362	$5,205282 \cdot 10^{770}$		412	$1,303025 \cdot 10^{900}$
*	313	$6,579343 \cdot 10^{646}$		363	$1,889517 \cdot 10^{773}$		413	$5,381494 \cdot 10^{902}$
	314	$2,065914 \cdot 10^{649}$		364	$6,877843 \cdot 10^{775}$		414	$2,227939 \cdot 10^{905}$
	315	$6,507628 \cdot 10^{651}$		365	$2,510413 \cdot 10^{778}$		415	$9,245945 \cdot 10^{907}$
	316	$2,056411 \cdot 10^{654}$		366	$9,188111 \cdot 10^{780}$		416	$3,846313 \cdot 10^{910}$
*	317	$6,518821 \cdot 10^{656}$	*	367	$3,372037 \cdot 10^{783}$		417	$1,603913 \cdot 10^{913}$
	318	$2,072985 \cdot 10^{659}$		368	$1,240909 \cdot 10^{786}$		418	$6,704355 \cdot 10^{915}$
	319	$6,612823 \cdot 10^{661}$		369	$4,578956 \cdot 10^{788}$	*	419	$2,809125 \cdot 10^{918}$
	320	$2,116103 \cdot 10^{664}$		370	$1,694214 \cdot 10^{791}$		420	$1,179832 \cdot 10^{921}$
	321	$6,792692 \cdot 10^{666}$		371	$6,285533 \cdot 10^{793}$	*	421	$4,967094 \cdot 10^{923}$
	322	$2,187247 \cdot 10^{669}$		372	$2,338218 \cdot 10^{796}$		422	$2,096114 \cdot 10^{926}$
	323	$7,064807 \cdot 10^{671}$	*	373	$8,721554 \cdot 10^{798}$		423	$8,866561 \cdot 10^{928}$
	324	$2,288997 \cdot 10^{674}$		374	$3,261861 \cdot 10^{801}$		424	$3,759422 \cdot 10^{931}$
	325	$7,439242 \cdot 10^{676}$		375	$1,223198 \cdot 10^{804}$		425	$1,597754 \cdot 10^{934}$
	326	$2,425193 \cdot 10^{679}$		376	$4,599224 \cdot 10^{806}$		426	$6,806433 \cdot 10^{936}$
	327	$7,930380 \cdot 10^{681}$		377	$1,733908 \cdot 10^{809}$		427	$2,906347 \cdot 10^{939}$
	328	$2,601165 \cdot 10^{684}$		378	$6,554171 \cdot 10^{811}$		428	$1,243917 \cdot 10^{942}$
	329	$8,557832 \cdot 10^{686}$	*	379	$2,484031 \cdot 10^{814}$		429	$5,336402 \cdot 10^{944}$
	330	$2,824085 \cdot 10^{689}$		380	$9,439316 \cdot 10^{816}$		430	$2,294653 \cdot 10^{947}$
*	331	$9,347720 \cdot 10^{691}$		381	$3,596380 \cdot 10^{819}$	*	431	$9,889954 \cdot 10^{949}$
	332	$3,103443 \cdot 10^{694}$		382	$1,373817 \cdot 10^{822}$		432	$4,272460 \cdot 10^{952}$
	333	$1,033447 \cdot 10^{697}$	*	383	$5,261719 \cdot 10^{824}$	*	433	$1,849975 \cdot 10^{955}$
	334	$3,451711 \cdot 10^{699}$		384	$2,020500 \cdot 10^{827}$		434	$8,028892 \cdot 10^{957}$
	335	$1,156323 \cdot 10^{702}$		385	$7,778926 \cdot 10^{829}$		435	$3,492568 \cdot 10^{960}$
	336	$3,885246 \cdot 10^{704}$		386	$3,002665 \cdot 10^{832}$		436	$1,522760 \cdot 10^{963}$
*	337	$1,309328 \cdot 10^{707}$		387	$1,162031 \cdot 10^{835}$		437	$6,654460 \cdot 10^{965}$
	338	$4,425529 \cdot 10^{709}$		388	$4,508682 \cdot 10^{837}$		438	$2,914653 \cdot 10^{968}$
	339	$1,500254 \cdot 10^{712}$	*	389	$1,753877 \cdot 10^{840}$	*	439	$1,279533 \cdot 10^{971}$
	340	$5,100864 \cdot 10^{714}$		390	$6,840122 \cdot 10^{842}$		440	$5,629945 \cdot 10^{973}$
	341	$1,739395 \cdot 10^{717}$		391	$2,674488 \cdot 10^{845}$		441	$2,482806 \cdot 10^{976}$
	342	$5,948730 \cdot 10^{719}$		392	$1,048399 \cdot 10^{848}$		442	$1,097400 \cdot 10^{979}$
	343	$2,040414 \cdot 10^{722}$		393	$4,120208 \cdot 10^{850}$	*	443	$4,861482 \cdot 10^{981}$
	344	$7,019025 \cdot 10^{724}$		394	$1,623362 \cdot 10^{853}$		444	$2,158498 \cdot 10^{984}$
	345	$2,421564 \cdot 10^{727}$		395	$6,412280 \cdot 10^{855}$		445	$9,605317 \cdot 10^{986}$
	346	$8,378611 \cdot 10^{729}$		396	$2,539263 \cdot 10^{858}$		446	$4,283971 \cdot 10^{989}$
*	347	$2,907378 \cdot 10^{732}$	*	397	$1,008087 \cdot 10^{861}$		447	$1,914935 \cdot 10^{992}$
	348	$1,011768 \cdot 10^{735}$		398	$4,012188 \cdot 10^{863}$		448	$8,578909 \cdot 10^{994}$
*	349	$3,531069 \cdot 10^{737}$		399	$1,600863 \cdot 10^{866}$	*	449	$3,851930 \cdot 10^{997}$

Fakultäten $n!$ und * Primzahlen

n	$n!$		n	$n!$		n	$n!$
450	$1{,}733369 \cdot 10^{1000}$		500	$1{,}220137 \cdot 10^{1134}$		550	$1{,}278943 \cdot 10^{1270}$
451	$7{,}817493 \cdot 10^{1002}$		501	$6{,}112885 \cdot 10^{1136}$		551	$7{,}046976 \cdot 10^{1272}$
452	$3{,}533507 \cdot 10^{1005}$		502	$3{,}068668 \cdot 10^{1139}$		552	$3{,}889931 \cdot 10^{1275}$
453	$1{,}600679 \cdot 10^{1008}$	*503	$1{,}543540 \cdot 10^{1142}$		553	$2{,}151132 \cdot 10^{1278}$
454	$7{,}267080 \cdot 10^{1010}$		504	$7{,}779442 \cdot 10^{1144}$		554	$1{,}191727 \cdot 10^{1281}$
455	$3{,}306522 \cdot 10^{1013}$		505	$3{,}928618 \cdot 10^{1147}$		555	$6{,}614085 \cdot 10^{1283}$
456	$1{,}507774 \cdot 10^{1016}$		506	$1{,}987881 \cdot 10^{1150}$		556	$3{,}677431 \cdot 10^{1286}$
*457	$6{,}890526 \cdot 10^{1018}$		507	$1{,}007856 \cdot 10^{1153}$	*557	$2{,}048329 \cdot 10^{1289}$
458	$3{,}155861 \cdot 10^{1021}$		508	$5{,}119906 \cdot 10^{1155}$		558	$1{,}142968 \cdot 10^{1292}$
459	$1{,}448540 \cdot 10^{1024}$	*509	$2{,}606032 \cdot 10^{1158}$		559	$6{,}389189 \cdot 10^{1294}$
460	$6{,}663285 \cdot 10^{1026}$		510	$1{,}329076 \cdot 10^{1161}$		560	$3{,}577946 \cdot 10^{1297}$
*461	$3{,}071774 \cdot 10^{1029}$		511	$6{,}791581 \cdot 10^{1163}$		561	$2{,}007228 \cdot 10^{1300}$
462	$1{,}419160 \cdot 10^{1032}$		512	$3{,}477289 \cdot 10^{1166}$		562	$1{,}128062 \cdot 10^{1303}$
*463	$6{,}570710 \cdot 10^{1034}$		513	$1{,}783849 \cdot 10^{1169}$	*563	$6{,}350989 \cdot 10^{1305}$
464	$3{,}048809 \cdot 10^{1037}$		514	$9{,}168986 \cdot 10^{1171}$		564	$3{,}581958 \cdot 10^{1308}$
465	$1{,}417696 \cdot 10^{1040}$		515	$4{,}722028 \cdot 10^{1174}$		565	$2{,}023806 \cdot 10^{1311}$
466	$6{,}606465 \cdot 10^{1042}$		516	$2{,}436566 \cdot 10^{1177}$		566	$1{,}145474 \cdot 10^{1314}$
*467	$3{,}085219 \cdot 10^{1045}$		517	$1{,}259705 \cdot 10^{1180}$		567	$6{,}494839 \cdot 10^{1316}$
468	$1{,}443883 \cdot 10^{1048}$		518	$6{,}525271 \cdot 10^{1182}$		568	$3{,}689068 \cdot 10^{1319}$
469	$6{,}771809 \cdot 10^{1050}$		519	$3{,}386616 \cdot 10^{1185}$	*569	$2{,}099080 \cdot 10^{1322}$
470	$3{,}182750 \cdot 10^{1053}$		520	$1{,}761040 \cdot 10^{1188}$		570	$1{,}196476 \cdot 10^{1325}$
471	$1{,}499075 \cdot 10^{1056}$	*521	$9{,}175019 \cdot 10^{1190}$	*571	$6{,}831875 \cdot 10^{1327}$
472	$7{,}075636 \cdot 10^{1058}$		522	$4{,}789360 \cdot 10^{1193}$		572	$3{,}907833 \cdot 10^{1330}$
473	$3{,}346776 \cdot 10^{1061}$	*523	$2{,}504835 \cdot 10^{1196}$		573	$2{,}239188 \cdot 10^{1333}$
474	$1{,}586372 \cdot 10^{1064}$		524	$1{,}312534 \cdot 10^{1199}$		574	$1{,}285294 \cdot 10^{1336}$
475	$7{,}535266 \cdot 10^{1066}$		525	$6{,}890802 \cdot 10^{1201}$		575	$7{,}390440 \cdot 10^{1338}$
476	$3{,}586786 \cdot 10^{1069}$		526	$3{,}624562 \cdot 10^{1204}$		576	$4{,}256894 \cdot 10^{1341}$
477	$1{,}710897 \cdot 10^{1072}$		527	$1{,}910144 \cdot 10^{1207}$	*577	$2{,}456228 \cdot 10^{1344}$
478	$8{,}178088 \cdot 10^{1074}$		528	$1{,}008556 \cdot 10^{1210}$		578	$1{,}419700 \cdot 10^{1347}$
*479	$3{,}917304 \cdot 10^{1077}$		529	$5{,}335261 \cdot 10^{1212}$		579	$8{,}220061 \cdot 10^{1349}$
480	$1{,}880306 \cdot 10^{1080}$		530	$2{,}827689 \cdot 10^{1215}$		580	$4{,}767635 \cdot 10^{1352}$
481	$9{,}044272 \cdot 10^{1082}$		531	$1{,}501503 \cdot 10^{1218}$		581	$2{,}769996 \cdot 10^{1355}$
482	$4{,}359339 \cdot 10^{1085}$		532	$7{,}987994 \cdot 10^{1220}$		582	$1.612138 \cdot 10^{1358}$
483	$2{,}105561 \cdot 10^{1088}$		533	$4{,}257601 \cdot 10^{1223}$		583	$9{,}398763 \cdot 10^{1360}$
484	$1{,}019091 \cdot 10^{1091}$		534	$2{,}273559 \cdot 10^{1226}$		584	$5{,}488877 \cdot 10^{1363}$
485	$4{,}942593 \cdot 10^{1093}$		535	$1{,}216354 \cdot 10^{1229}$		585	$3{,}210993 \cdot 10^{1366}$
486	$2{,}402100 \cdot 10^{1096}$		536	$6{,}519657 \cdot 10^{1231}$		586	$1{,}881642 \cdot 10^{1369}$
*487	$1{,}169823 \cdot 10^{1099}$		537	$3{,}501056 \cdot 10^{1234}$	*587	$1{,}104524 \cdot 10^{1372}$
488	$5{,}708736 \cdot 10^{1101}$		538	$1{,}883568 \cdot 10^{1237}$		588	$6{,}494600 \cdot 10^{1374}$
489	$2{,}791572 \cdot 10^{1104}$		539	$1{,}015243 \cdot 10^{1240}$		589	$3{,}825320 \cdot 10^{1377}$
490	$1{,}367870 \cdot 10^{1107}$		540	$5{,}482313 \cdot 10^{1242}$		590	$2{,}256939 \cdot 10^{1380}$
*491	$6{,}716243 \cdot 10^{1109}$	*541	$2{,}965931 \cdot 10^{1245}$		591	$1{,}333851 \cdot 10^{1383}$
492	$3{,}304391 \cdot 10^{1112}$		542	$1{,}607535 \cdot 10^{1248}$		592	$7{,}896396 \cdot 10^{1385}$
493	$1{,}629065 \cdot 10^{1115}$		543	$8{,}728914 \cdot 10^{1250}$	*593	$4{,}682563 \cdot 10^{1388}$
494	$8{,}047581 \cdot 10^{1117}$		544	$4{,}748529 \cdot 10^{1253}$		594	$2{,}781442 \cdot 10^{1391}$
495	$3{,}983552 \cdot 10^{1120}$		545	$2{,}587949 \cdot 10^{1256}$		595	$1{,}654958 \cdot 10^{1394}$
496	$1{,}975842 \cdot 10^{1123}$		546	$1{,}413020 \cdot 10^{1259}$		596	$9{,}863551 \cdot 10^{1396}$
497	$9{,}819935 \cdot 10^{1125}$	*547	$7{,}729219 \cdot 10^{1261}$		597	$5{,}888540 \cdot 10^{1399}$
498	$4{,}890327 \cdot 10^{1128}$		548	$4{,}235612 \cdot 10^{1264}$		598	$3{,}521347 \cdot 10^{1402}$
*499	$2{,}440273 \cdot 10^{1131}$		549	$2{,}325351 \cdot 10^{1267}$	*599	$2{,}109287 \cdot 10^{1405}$

Fakultäten $n!$ und * **Primzahlen**

n	$n!$	n	$n!$	n	$n!$
600	$1{,}265572 \cdot 10^{1408}$	650	$8{,}088552 \cdot 10^{1547}$	700	$2{,}422039 \cdot 10^{1689}$
*601	$7{,}606088 \cdot 10^{1410}$	651	$5{,}265647 \cdot 10^{1550}$	*701	$1{,}697850 \cdot 10^{1692}$
602	$4{,}578865 \cdot 10^{1413}$	652	$3{,}433202 \cdot 10^{1553}$	702	$1{,}191890 \cdot 10^{1695}$
603	$2{,}761056 \cdot 10^{1416}$	*653	$2{,}241881 \cdot 10^{1556}$	703	$8{,}378990 \cdot 10^{1697}$
604	$1{,}667678 \cdot 10^{1419}$	654	$1{,}466190 \cdot 10^{1559}$	704	$5{,}898809 \cdot 10^{1700}$
605	$1{,}008945 \cdot 10^{1422}$	655	$9{,}603545 \cdot 10^{1561}$	705	$4{,}158660 \cdot 10^{1703}$
606	$6{,}114206 \cdot 10^{1424}$	656	$6{,}299925 \cdot 10^{1564}$	706	$2{,}936014 \cdot 10^{1706}$
*607	$3{,}711323 \cdot 10^{1427}$	657	$4{,}139051 \cdot 10^{1567}$	707	$2{,}075762 \cdot 10^{1709}$
608	$2{,}256485 \cdot 10^{1430}$	658	$2{,}723496 \cdot 10^{1570}$	708	$1{,}469639 \cdot 10^{1712}$
609	$1{,}374199 \cdot 10^{1433}$	*659	$1{,}794784 \cdot 10^{1573}$	*709	$1{,}041974 \cdot 10^{1715}$
610	$8{,}382614 \cdot 10^{1435}$	660	$1{,}184557 \cdot 10^{1576}$	710	$7{,}398018 \cdot 10^{1717}$
611	$5{,}121777 \cdot 10^{1438}$	*661	$7{,}829923 \cdot 10^{1578}$	711	$5{,}259991 \cdot 10^{1720}$
612	$3{,}134528 \cdot 10^{1441}$	662	$5{,}183409 \cdot 10^{1581}$	712	$3{,}745113 \cdot 10^{1723}$
*613	$1{,}921465 \cdot 10^{1444}$	663	$3{,}436600 \cdot 10^{1584}$	713	$2{,}670266 \cdot 10^{1726}$
614	$1{,}179780 \cdot 10^{1447}$	664	$2{,}281902 \cdot 10^{1587}$	714	$1{,}906570 \cdot 10^{1729}$
615	$7{,}255646 \cdot 10^{1449}$	665	$1{,}517465 \cdot 10^{1590}$	715	$1{,}363197 \cdot 10^{1732}$
616	$4{,}469478 \cdot 10^{1452}$	666	$1{,}010632 \cdot 10^{1593}$	716	$9{,}760493 \cdot 10^{1734}$
*617	$2{,}757668 \cdot 10^{1455}$	667	$6{,}740914 \cdot 10^{1595}$	717	$6{,}998274 \cdot 10^{1737}$
618	$1{,}704239 \cdot 10^{1458}$	668	$4{,}502930 \cdot 10^{1598}$	718	$5{,}024761 \cdot 10^{1740}$
*619	$1{,}054924 \cdot 10^{1461}$	669	$3{,}012460 \cdot 10^{1601}$	*719	$3{,}612803 \cdot 10^{1743}$
620	$6{,}540527 \cdot 10^{1463}$	670	$2{,}018349 \cdot 10^{1604}$	720	$2{,}601218 \cdot 10^{1746}$
621	$4{,}061667 \cdot 10^{1466}$	671	$1{,}354312 \cdot 10^{1607}$	721	$1{,}875478 \cdot 10^{1749}$
622	$2{,}526357 \cdot 10^{1469}$	672	$9{,}100976 \cdot 10^{1609}$	722	$1{,}354095 \cdot 10^{1752}$
623	$1{,}573921 \cdot 10^{1472}$	*673	$6{,}124957 \cdot 10^{1612}$	723	$9{,}790109 \cdot 10^{1754}$
624	$9{,}821264 \cdot 10^{1474}$	674	$4{,}128221 \cdot 10^{1615}$	724	$7{,}088039 \cdot 10^{1757}$
625	$6{,}138290 \cdot 10^{1477}$	675	$2{,}786549 \cdot 10^{1618}$	725	$5{,}138828 \cdot 10^{1760}$
626	$3{,}842570 \cdot 10^{1480}$	676	$1{,}883707 \cdot 10^{1621}$	726	$3{,}730789 \cdot 10^{1763}$
627	$2{,}409291 \cdot 10^{1483}$	*677	$1{,}275270 \cdot 10^{1624}$	*727	$2{,}712284 \cdot 10^{1766}$
628	$1{,}513035 \cdot 10^{1486}$	678	$8{,}646329 \cdot 10^{1626}$	728	$1{,}974543 \cdot 10^{1769}$
629	$9{,}516989 \cdot 10^{1488}$	679	$5{,}870857 \cdot 10^{1629}$	729	$1{,}439442 \cdot 10^{1772}$
630	$5{,}995703 \cdot 10^{1491}$	680	$3{,}992183 \cdot 10^{1632}$	730	$1{,}050792 \cdot 10^{1775}$
*631	$3{,}783289 \cdot 10^{1494}$	681	$2{,}718677 \cdot 10^{1635}$	731	$7{,}681292 \cdot 10^{1777}$
632	$2{,}391038 \cdot 10^{1497}$	682	$1{,}854137 \cdot 10^{1638}$	732	$5{,}622706 \cdot 10^{1780}$
633	$1{,}513527 \cdot 10^{1500}$	*683	$1{,}266376 \cdot 10^{1641}$	*733	$4{,}121443 \cdot 10^{1783}$
634	$9{,}595763 \cdot 10^{1502}$	684	$8{,}662011 \cdot 10^{1643}$	734	$3{,}025139 \cdot 10^{1786}$
635	$6{,}093310 \cdot 10^{1505}$	685	$5{,}933477 \cdot 10^{1646}$	735	$2{,}223477 \cdot 10^{1789}$
636	$3{,}875345 \cdot 10^{1508}$	686	$4{,}070365 \cdot 10^{1649}$	736	$1{,}636479 \cdot 10^{1792}$
637	$2{,}468595 \cdot 10^{1511}$	687	$2{,}796341 \cdot 10^{1652}$	737	$1{,}206085 \cdot 10^{1795}$
638	$1{,}574963 \cdot 10^{1514}$	688	$1{,}923883 \cdot 10^{1655}$	738	$8{,}900909 \cdot 10^{1797}$
639	$1{,}006402 \cdot 10^{1517}$	689	$1{,}325555 \cdot 10^{1658}$	*739	$6{,}577772 \cdot 10^{1800}$
640	$6{,}440970 \cdot 10^{1519}$	690	$9{,}146330 \cdot 10^{1660}$	740	$4{,}867551 \cdot 10^{1803}$
*641	$4{,}128662 \cdot 10^{1522}$	*691	$6{,}320114 \cdot 10^{1663}$	741	$3{,}606855 \cdot 10^{1806}$
642	$2{,}650601 \cdot 10^{1525}$	692	$4{,}373519 \cdot 10^{1666}$	742	$2{,}676287 \cdot 10^{1809}$
*643	$1{,}704336 \cdot 10^{1528}$	693	$3{,}030849 \cdot 10^{1669}$	*743	$1{,}988481 \cdot 10^{1812}$
644	$1{,}097593 \cdot 10^{1531}$	694	$2{,}103409 \cdot 10^{1672}$	744	$1{,}479430 \cdot 10^{1815}$
645	$7{,}079473 \cdot 10^{1533}$	695	$1{,}461869 \cdot 10^{1675}$	745	$1{,}102175 \cdot 10^{1818}$
646	$4{,}573339 \cdot 10^{1536}$	696	$1{,}017461 \cdot 10^{1678}$	746	$8{,}222228 \cdot 10^{1820}$
*647	$2{,}958951 \cdot 10^{1539}$	697	$7{,}091703 \cdot 10^{1680}$	747	$6{,}142004 \cdot 10^{1823}$
648	$1{,}917400 \cdot 10^{1542}$	698	$4{,}950009 \cdot 10^{1683}$	748	$4{,}594219 \cdot 10^{1826}$
649	$1{,}244393 \cdot 10^{1545}$	699	$3{,}460056 \cdot 10^{1686}$	749	$3{,}441070 \cdot 10^{1829}$

Fakultäten $n!$ und * Primzahlen

	n	$n!$		n	$n!$		n	$n!$
	750	$2{,}580802 \cdot 10^{1832}$		800	$7{,}710527 \cdot 10^{1976}$		850	$5{,}243472 \cdot 10^{2122}$
*	751	$1{,}938183 \cdot 10^{1835}$		801	$6{,}176132 \cdot 10^{1979}$		851	$4{,}462195 \cdot 10^{2125}$
	752	$1{,}457513 \cdot 10^{1838}$		802	$4{,}953258 \cdot 10^{1982}$		852	$3{,}801790 \cdot 10^{2128}$
	753	$1{,}097508 \cdot 10^{1841}$		803	$3{,}977466 \cdot 10^{1985}$	*	853	$3{,}242927 \cdot 10^{2131}$
	754	$8{,}275207 \cdot 10^{1843}$		804	$3{,}197883 \cdot 10^{1988}$		854	$2{,}769460 \cdot 10^{2134}$
	755	$6{,}247781 \cdot 10^{1846}$		805	$2{,}574296 \cdot 10^{1991}$		855	$2{,}367888 \cdot 10^{2137}$
	756	$4{,}723323 \cdot 10^{1849}$		806	$2{,}074882 \cdot 10^{1994}$		856	$2{,}026912 \cdot 10^{2140}$
*	757	$3{,}575555 \cdot 10^{1852}$		807	$1{,}674430 \cdot 10^{1997}$	*	857	$1{,}737064 \cdot 10^{2143}$
	758	$2{,}710271 \cdot 10^{1855}$		808	$1{,}352939 \cdot 10^{2000}$		858	$1{,}490401 \cdot 10^{2146}$
	759	$2{,}057096 \cdot 10^{1858}$	*	809	$1{,}094528 \cdot 10^{2003}$	*	859	$1{,}280254 \cdot 10^{2149}$
	760	$1{,}563393 \cdot 10^{1861}$		810	$8{,}865676 \cdot 10^{2005}$		860	$1{,}101019 \cdot 10^{2152}$
*	761	$1{,}189742 \cdot 10^{1864}$	*	811	$7{,}190064 \cdot 10^{2008}$		861	$9{,}479770 \cdot 10^{2154}$
	762	$9{,}065833 \cdot 10^{1866}$		812	$5{,}838332 \cdot 10^{2011}$		862	$8{,}171562 \cdot 10^{2157}$
	763	$6{,}917230 \cdot 10^{1869}$		813	$4{,}746564 \cdot 10^{2014}$	*	863	$7{,}052058 \cdot 10^{2160}$
	764	$5{,}284764 \cdot 10^{1872}$		814	$3{,}863703 \cdot 10^{2017}$		864	$6{,}092978 \cdot 10^{2163}$
	765	$4{,}042844 \cdot 10^{1875}$		815	$3{,}148918 \cdot 10^{2020}$		865	$5{,}270426 \cdot 10^{2166}$
	766	$3{,}096819 \cdot 10^{1878}$		816	$2{,}569517 \cdot 10^{2023}$		866	$4{,}564189 \cdot 10^{2169}$
	767	$2{,}375260 \cdot 10^{1881}$		817	$2{,}099295 \cdot 10^{2026}$		867	$3{,}957152 \cdot 10^{2172}$
	768	$1{,}824200 \cdot 10^{1884}$		818	$1{,}717224 \cdot 10^{2029}$		868	$3{,}434808 \cdot 10^{2175}$
*	769	$1{,}402810 \cdot 10^{1887}$		819	$1{,}406406 \cdot 10^{2032}$		869	$2{,}984848 \cdot 10^{2178}$
	770	$1{,}080163 \cdot 10^{1890}$		820	$1{,}153253 \cdot 10^{2035}$		870	$2{,}596818 \cdot 10^{2181}$
	771	$8{,}328059 \cdot 10^{1892}$	*	821	$9{,}468207 \cdot 10^{2037}$		871	$2{,}261828 \cdot 10^{2184}$
	772	$6{,}429262 \cdot 10^{1895}$		822	$7{,}782866 \cdot 10^{2040}$		872	$1{,}972314 \cdot 10^{2187}$
*	773	$4{,}969819 \cdot 10^{1898}$	*	823	$6{,}405299 \cdot 10^{2043}$		873	$1{,}721830 \cdot 10^{2190}$
	774	$3{,}846640 \cdot 10^{1901}$		824	$5{,}277966 \cdot 10^{2046}$		874	$1{,}504880 \cdot 10^{2193}$
	775	$2{,}981146 \cdot 10^{1904}$		825	$4{,}354322 \cdot 10^{2049}$		875	$1{,}316770 \cdot 10^{2196}$
	776	$2{,}313369 \cdot 10^{1907}$		826	$3{,}596670 \cdot 10^{2052}$		876	$1{,}153490 \cdot 10^{2199}$
	777	$1{,}797488 \cdot 10^{1910}$	*	827	$2{,}974446 \cdot 10^{2055}$	*	877	$1{,}011611 \cdot 10^{2202}$
	778	$1{,}398446 \cdot 10^{1913}$		828	$2{,}462841 \cdot 10^{2058}$		878	$8{,}881944 \cdot 10^{2204}$
	779	$1{,}089389 \cdot 10^{1916}$	*	829	$2{,}041696 \cdot 10^{2061}$		879	$7{,}807229 \cdot 10^{2207}$
	780	$8{,}497236 \cdot 10^{1918}$		830	$1{,}694607 \cdot 10^{2064}$		880	$6{,}870361 \cdot 10^{2210}$
	781	$6{,}636341 \cdot 10^{1921}$		831	$1{,}408219 \cdot 10^{2067}$	*	881	$6{,}052788 \cdot 10^{2213}$
	782	$5{,}189619 \cdot 10^{1924}$		832	$1{,}171638 \cdot 10^{2070}$		882	$5{,}338559 \cdot 10^{2216}$
	783	$4{,}063471 \cdot 10^{1927}$		833	$9{,}759744 \cdot 10^{2072}$	*	883	$4{,}713948 \cdot 10^{2219}$
	784	$3{,}185762 \cdot 10^{1930}$		834	$8{,}139626 \cdot 10^{2075}$		884	$4{,}167130 \cdot 10^{2222}$
	785	$2{,}500823 \cdot 10^{1933}$		835	$6{,}796588 \cdot 10^{2078}$		885	$3{,}687910 \cdot 10^{2225}$
	786	$1{,}965647 \cdot 10^{1936}$		836	$5{,}681948 \cdot 10^{2081}$		886	$3{,}267488 \cdot 10^{2228}$
*	787	$1{,}546964 \cdot 10^{1939}$		837	$4{,}755790 \cdot 10^{2084}$	*	887	$2{,}898262 \cdot 10^{2231}$
	788	$1{,}219008 \cdot 10^{1942}$		838	$3{,}985352 \cdot 10^{2087}$		888	$2{,}573657 \cdot 10^{2234}$
	789	$9{,}617970 \cdot 10^{1944}$	*	839	$3{,}343710 \cdot 10^{2090}$		889	$2{,}287981 \cdot 10^{2237}$
	790	$7{,}598196 \cdot 10^{1947}$		840	$2{,}808717 \cdot 10^{2093}$		890	$2{,}036303 \cdot 10^{2240}$
	791	$6{,}010173 \cdot 10^{1950}$		841	$2{,}362131 \cdot 10^{2096}$		891	$1{,}814346 \cdot 10^{2243}$
	792	$4{,}760057 \cdot 10^{1953}$		842	$1{,}988914 \cdot 10^{2099}$		892	$1{,}618397 \cdot 10^{2246}$
	793	$3{,}774725 \cdot 10^{1956}$		843	$1{,}676655 \cdot 10^{2102}$		893	$1{,}445228 \cdot 10^{2249}$
	794	$2{,}997132 \cdot 10^{1959}$		844	$1{,}415096 \cdot 10^{2105}$		894	$1{,}292034 \cdot 10^{2252}$
	795	$2{,}382720 \cdot 10^{1962}$		845	$1{,}195757 \cdot 10^{2108}$		895	$1{,}156370 \cdot 10^{2255}$
	796	$1{,}896645 \cdot 10^{1965}$		846	$1{,}011610 \cdot 10^{2111}$		896	$1{,}036108 \cdot 10^{2258}$
*	797	$1{,}511626 \cdot 10^{1968}$		847	$8{,}568337 \cdot 10^{2113}$		897	$9{,}293887 \cdot 10^{2260}$
	798	$1{,}206278 \cdot 10^{1971}$		848	$7{,}265950 \cdot 10^{2116}$		898	$8{,}345911 \cdot 10^{2263}$
	799	$9{,}638158 \cdot 10^{1973}$		849	$6{,}168791 \cdot 10^{2119}$		899	$7{,}502974 \cdot 10^{2266}$

Fakultäten $n!$ und * Primzahlen

n	$n!$	n	$n!$	n	$n!$
900	$6,752676 \cdot 10^{2269}$	950	$1,398482 \cdot 10^{2418}$	1000	$4,023870 \cdot 10^{2567}$
901	$6,084161 \cdot 10^{2272}$	951	$1,329956 \cdot 10^{2421}$	1001	$4,027894 \cdot 10^{2570}$
902	$5,487914 \cdot 10^{2275}$	952	$1,266118 \cdot 10^{2424}$	1002	$4,035950 \cdot 10^{2573}$
903	$4,955586 \cdot 10^{2278}$	* 953	$1,206611 \cdot 10^{2427}$	1003	$4,048057 \cdot 10^{2576}$
904	$4,479850 \cdot 10^{2281}$	954	$1,151107 \cdot 10^{2430}$	1004	$4,064250 \cdot 10^{2579}$
905	$4,054264 \cdot 10^{2284}$	955	$1,099307 \cdot 10^{2433}$	1005	$4,084571 \cdot 10^{2582}$
906	$3,673163 \cdot 10^{2287}$	956	$1,050937 \cdot 10^{2436}$	1006	$4,109078 \cdot 10^{2585}$
* 907	$3,331559 \cdot 10^{2290}$	957	$1,005747 \cdot 10^{2439}$	1007	$4,137842 \cdot 10^{2588}$
908	$3,025056 \cdot 10^{2293}$	958	$9,635056 \cdot 10^{2441}$	1008	$4,170945 \cdot 10^{2591}$
909	$2,749776 \cdot 10^{2296}$	959	$9,240018 \cdot 10^{2444}$	* 1009	$4,208483 \cdot 10^{2594}$
910	$2,502296 \cdot 10^{2299}$	960	$8,870418 \cdot 10^{2447}$	1010	$4,250568 \cdot 10^{2597}$
* 911	$2,279591 \cdot 10^{2302}$	961	$8,524471 \cdot 10^{2450}$	1011	$4,297324 \cdot 10^{2600}$
912	$2,078987 \cdot 10^{2305}$	962	$8,200541 \cdot 10^{2453}$	1012	$4,348892 \cdot 10^{2603}$
913	$1,898115 \cdot 10^{2308}$	963	$7,897121 \cdot 10^{2456}$	* 1013	$4,405428 \cdot 10^{2606}$
914	$1,734878 \cdot 10^{2311}$	964	$7,612825 \cdot 10^{2459}$	1014	$4,467104 \cdot 10^{2609}$
915	$1,587413 \cdot 10^{2314}$	965	$7,346376 \cdot 10^{2462}$	1015	$4,534110 \cdot 10^{2612}$
916	$1,454070 \cdot 10^{2317}$	966	$7,096599 \cdot 10^{2465}$	1016	$4,606656 \cdot 10^{2615}$
917	$1,333382 \cdot 10^{2320}$	* 967	$6,862412 \cdot 10^{2468}$	1017	$4,684969 \cdot 10^{2618}$
918	$1,224045 \cdot 10^{2323}$	968	$6,642814 \cdot 10^{2471}$	1018	$4,769298 \cdot 10^{2621}$
* 919	$1,124897 \cdot 10^{2326}$	969	$6,436887 \cdot 10^{2474}$	* 1019	$4,859915 \cdot 10^{2624}$
920	$1,034906 \cdot 10^{2329}$	970	$6,243780 \cdot 10^{2477}$	1020	$4,957113 \cdot 10^{2627}$
921	$9,531481 \cdot 10^{2331}$	* 971	$6,062711 \cdot 10^{2480}$	* 1021	$5,061213 \cdot 10^{2630}$
922	$8,788025 \cdot 10^{2334}$	972	$5,892955 \cdot 10^{2483}$	1022	$5,172559 \cdot 10^{2633}$
923	$8,111347 \cdot 10^{2337}$	973	$5,733845 \cdot 10^{2486}$	1023	$5,291528 \cdot 10^{2636}$
924	$7,494885 \cdot 10^{2340}$	974	$5,584765 \cdot 10^{2489}$	1024	$5,418525 \cdot 10^{2639}$
925	$6,932768 \cdot 10^{2343}$	975	$5,445146 \cdot 10^{2492}$	1025	$5,553988 \cdot 10^{2642}$
926	$6,419744 \cdot 10^{2346}$	976	$5,314463 \cdot 10^{2495}$	1026	$5,698392 \cdot 10^{2645}$
927	$5,951102 \cdot 10^{2349}$	* 977	$5,192230 \cdot 10^{2498}$	1027	$5,852248 \cdot 10^{2648}$
928	$5,522623 \cdot 10^{2352}$	978	$5,078001 \cdot 10^{2501}$	1028	$6,016111 \cdot 10^{2651}$
* 929	$5,130517 \cdot 10^{2355}$	979	$4,971363 \cdot 10^{2504}$	1029	$6,190578 \cdot 10^{2654}$
930	$4,771380 \cdot 10^{2358}$	980	$4,871936 \cdot 10^{2507}$	1030	$6,376296 \cdot 10^{2657}$
931	$4,442155 \cdot 10^{2361}$	981	$4,779369 \cdot 10^{2510}$	* 1031	$6,573961 \cdot 10^{2660}$
932	$4,140089 \cdot 10^{2364}$	982	$4,693340 \cdot 10^{2513}$	1032	$6,784328 \cdot 10^{2663}$
933	$3,862703 \cdot 10^{2367}$	* 983	$4,613553 \cdot 10^{2516}$	* 1033	$7,008211 \cdot 10^{2666}$
934	$3,607764 \cdot 10^{2370}$	984	$4,539736 \cdot 10^{2519}$	1034	$7,246490 \cdot 10^{2669}$
935	$3,373260 \cdot 10^{2373}$	985	$4,471640 \cdot 10^{2522}$	1035	$7,500117 \cdot 10^{2672}$
936	$3,157371 \cdot 10^{2376}$	986	$4,409037 \cdot 10^{2525}$	1036	$7,770121 \cdot 10^{2675}$
* 937	$2,958457 \cdot 10^{2379}$	987	$4,351720 \cdot 10^{2528}$	1037	$8,057616 \cdot 10^{2678}$
938	$2,775032 \cdot 10^{2382}$	988	$4,299499 \cdot 10^{2531}$	1038	$8,363805 \cdot 10^{2681}$
939	$2,605755 \cdot 10^{2385}$	989	$4,252205 \cdot 10^{2534}$	* 1039	$8,689993 \cdot 10^{2684}$
940	$2,449410 \cdot 10^{2388}$	990	$4,209683 \cdot 10^{2537}$	1040	$9,037593 \cdot 10^{2687}$
* 941	$2,304895 \cdot 10^{2391}$	* 991	$4,171796 \cdot 10^{2540}$	1041	$9,408134 \cdot 10^{2690}$
942	$2,171211 \cdot 10^{2394}$	992	$4,138421 \cdot 10^{2543}$	1042	$9,803276 \cdot 10^{2693}$
943	$2,047452 \cdot 10^{2397}$	993	$4,109452 \cdot 10^{2546}$	1043	$1,022482 \cdot 10^{2697}$
944	$1,932795 \cdot 10^{2400}$	994	$4,084796 \cdot 10^{2549}$	1044	$1,067471 \cdot 10^{2700}$
945	$1,826491 \cdot 10^{2403}$	995	$4,064372 \cdot 10^{2552}$	1045	$1,115507 \cdot 10^{2703}$
946	$1,727860 \cdot 10^{2406}$	996	$4,048114 \cdot 10^{2555}$	1046	$1,166820 \cdot 10^{2706}$
* 947	$1,636284 \cdot 10^{2409}$	* 997	$4,035970 \cdot 10^{2558}$	1047	$1,221661 \cdot 10^{2709}$
948	$1,551197 \cdot 10^{2412}$	998	$4,027898 \cdot 10^{2561}$	1048	$1,280301 \cdot 10^{2712}$
949	$1,472086 \cdot 10^{2415}$	999	$4,023870 \cdot 10^{2564}$	* 1049	$1,343035 \cdot 10^{2715}$

Binomialkoeffizienten $\binom{n}{k} = \binom{n}{n-k}$

k \ n	2	3	4	5	6	7	8	9	10	11	12	13
4	6											
5	10											
6	15	20										
7	21	35										
8	28	56	70									
9	36	84	126									
10	45	120	210									
11	55	165	330	462								
12	66	220	495	792	924							
13	78	286	715	1 287	1 716							
14	91	364	1 001	2 002	3 003	3 432						
15	105	455	1 365	3 003	5 005	6 435						
16	120	560	1 820	4 368	8 008	11 440	12 870					
17	136	680	2 380	6 188	12 376	19 448	24 310					
18	153	816	3 060	8 568	18 564	31 824	43 758	48 620				
19	171	969	3 876	11 628	27 132	50 388	75 582	92 378				
20	190	1 140	4 845	15 504	38 760	77 520	125 970	167 960	184 756			
21	210	1 330	5 985	20 349	54 264	116 280	203 490	293 930	352 716			
22	231	1 540	7 315	26 334	74 613	170 544	319 770	497 420	646 646	705 432		
23	253	1 771	8 855	33 649	100 947	245 157	490 314	817 190	1 144 066	1 352 078		
24	276	2 024	10 626	42 504	134 596	346 104	735 471	1 307 504	1 961 256	2 496 144	2 704 156	
25	300	2 300	12 650	53 130	177 100	480 700	1 081 575	2 042 975	3 268 760	4 457 400	5 200 300	
26	325	2 600	14 950	65 780	230 230	657 800	1 562 275	3 124 550	5 311 735	7 726 160	9 657 700	10 400 600
27	351	2 925	17 550	80 730	296 010	888 030	2 220 075	4 686 825	8 436 285	13 037 895	17 383 860	20 058 300
28	378	3 276	20 475	98 280	376 740	1 184 040	3 108 105	6 906 900	13 123 110	21 474 180	30 421 755	37 442 160
29	406	3 654	23 751	118 755	475 020	1 560 780	4 292 145	10 015 005	20 030 010	34 597 290	51 895 935	67 863 915
30	435	4 060	27 405	142 506	593 775	2 035 800	5 852 925	14 307 150	30 045 015	54 627 300	86 493 225	119 759 850
31	465	4 495	31 465	169 911	736 281	2 629 575	7 888 725	20 160 075	44 352 165	84 672 315	141 120 525	206 253 075
32	496	4 960	35 960	201 376	906 192	3 365 856	10 518 300	28 048 800	64 512 240	129 024 480	225 792 840	347 373 600
33	528	5 456	40 920	237 336	1 107 568	4 272 048	13 884 156	38 567 100	92 561 040	193 536 720	354 817 320	573 166 440
34	561	5 984	46 376	278 256	1 344 904	5 379 616	18 156 204	52 451 256	131 128 140	286 097 760	548 354 040	927 983 760
35	595	6 545	52 360	324 632	1 623 160	6 724 520	23 535 820	70 607 460	183 579 396	417 225 900	834 451 800	1 476 337 800

Binomialkoeffizienten $\quad \dbinom{n}{k} = \dbinom{n}{n-k}$

k \ n	2	3	4	5	6	7	8	9	10	11	12	13
36	630	7 140	58 905	376 992	1 947 792	9 347 680	30 260 340	94 143 280	254 186 856	600 805 296	1 251 677 700	2 310 789 600
37	666	7 770	66 045	435 897	2 324 784	10 295 472	38 608 020	124 403 620	348 330 136	854 992 152	1 852 482 996	3 562 467 300
38	703	8 436	73 815	501 942	2 760 681	12 620 256	48 903 492	163 011 640	472 733 756	1 203 322 288	2 707 475 148	5 414 950 296
39	741	9 139	82 251	575 757	3 262 623	15 380 937	61 523 748	211 915 132	635 745 396	1 676 056 044	3 910 797 436	8 122 425 444
40	780	9 880	91 390	658 008	3 838 380	18 643 560	76 904 685	273 438 880	847 660 528	2 311 801 440	5 586 853 480	12 033 222 880
41	820	10 660	101 270	749 398	4 496 388	22 481 940	95 548 245	350 343 565	1 121 099 408	3 159 461 968	7 898 654 920	17 620 076 360
42	861	11 480	111 930	850 668	5 245 786	26 978 328	118 030 185	445 891 810	1 471 442 973	4 280 561 376	11 058 116 888	25 518 731 280
43	903	12 341	123 410	962 598	6 096 454	32 224 114	145 008 513	563 921 995	1 917 334 783	5 752 004 349	15 338 678 264	36 576 848 168
44	946	13 244	135 751	1 086 008	7 059 052	38 320 568	177 232 627	708 930 508	2 481 256 778	7 669 339 132	21 090 682 613	51 915 526 432
45	990	14 190	148 995	1 221 759	8 145 060	45 379 620	215 553 195	886 163 135	3 190 187 286	10 150 595 910	28 760 021 745	73 006 209 045
46	1 035	15 180	163 185	1 370 754	9 366 819	53 524 680	260 932 815	1 101 716 330	4 076 350 421	13 340 783 196	38 910 617 655	101 766 230 790
47	1 081	16 215	178 365	1 533 939	10 737 573	62 891 499	314 457 495	1 362 649 145	5 178 066 751	17 417 133 617	52 251 400 851	140 676 848 445
48	1 128	17 296	194 580	1 712 304	12 271 512	73 629 072	377 348 994	1 677 106 640	6 540 715 896	22 595 200 368	69 668 534 468	192 928 249 296
49	1 176	18 424	211 876	1 906 884	13 983 816	85 900 584	450 978 066	2 054 455 634	8 217 822 536	29 135 976 264	92 263 734 836	262 596 783 764
50	1 225	19 600	230 300	2 118 760	15 890 700	99 884 400	536 878 650	2 505 433 700	10 272 278 170	37 353 738 800	121 399 651 100	354 860 518 600
51	1 275	20 825	249 900	2 349 060	18 009 460	115 775 100	636 763 050	3 042 312 350	12 777 711 870	47 626 016 970	158 753 389 900	476 260 169 700
52	1 326	22 100	270 725	2 598 960	20 358 520	133 784 560	752 538 150	3 679 075 400	15 820 024 220	60 403 728 840	206 379 406 870	635 013 559 600

Beispiel: $\dbinom{20}{17} = \dbinom{20}{3} = 1140$

$\dbinom{36}{25} = \dbinom{36}{11} = 600\,805\,296$

13

Binomialkoeffizienten $\qquad \binom{n}{k} = \binom{n}{n-k}$

k \ n	14	15	16	17	18	19	20
28	40 116 600						
29	77 558 760						
30	145 422 675	155 117 520					
31	265 182 525	300 540 195					
32	471 435 600	565 722 720	601 080 390				
33	818 809 200	1 037 158 320	1 166 803 110				
34	1 391 975 640	1 855 967 520	2 203 961 430	2 333 606 220			
35	2 319 959 400	3 247 943 160	4 059 928 950	4 537 567 650			
36	3 796 297 200	5 567 902 560	7 307 872 110	8 597 496 600	9 075 135 300		
37	6 107 086 800	9 364 199 760	12 875 774 670	15 905 368 710	17 672 631 900		
38	9 669 554 100	15 471 286 560	22 239 974 430	28 781 143 380	33 578 000 610	35 345 263 800	
39	15 084 504 396	25 140 840 660	37 711 260 990	51 021 117 810	62 359 143 990	68 923 264 410	
40	23 206 929 840	40 225 345 056	62 852 101 650	88 732 378 800	113 380 261 800	131 282 408 400	137 846 528 820
41	35 240 152 720	63 432 274 896	103 077 446 706	151 584 480 450	202 112 640 600	244 662 670 200	269 128 937 220
42	52 860 229 080	98 672 427 616	166 509 721 602	254 661 927 156	353 697 121 050	446 775 310 800	513 791 607 420
43	78 378 960 360	151 532 656 696	265 182 149 218	421 171 648 758	608 359 048 206	800 472 431 850	960 566 918 220
44	114 955 808 528	229 911 617 056	416 714 805 914	686 353 797 976	1 029 530 696 964	1 408 831 480 056	1 761 039 350 070
45	166 871 334 960	344 867 425 584	646 626 422 970	1 103 068 603 890	1 715 884 494 940	2 438 362 177 020	3 169 870 830 126
46	239 877 544 005	511 738 760 454	991 493 848 554	1 749 695 026 860	2 818 953 098 830	4 154 246 671 960	5 608 233 007 146
47	341 643 774 795	751 616 304 549	1 503 232 609 098	2 741 188 875 414	4 568 648 125 690	6 973 199 770 790	9 762 479 679 106
48	482 320 623 240	1 093 260 079 344	2 254 848 913 647	4 244 421 484 512	7 309 837 001 104	11 541 947 896 480	16 735 679 449 896
49	675 248 872 536	1 575 580 702 584	3 348 108 992 991	6 499 270 398 159	11 554 258 485 616	18 851 684 897 584	28 277 527 346 376
50	937 845 656 300	2 250 829 575 120	4 923 689 695 575	9 847 379 391 150	18 053 528 883 775	30 405 943 383 200	47 129 212 243 960
51	1 292 706 174 900	3 188 675 231 420	7 174 519 270 695	14 771 069 086 725	27 900 908 274 925	48 459 472 266 975	77 535 155 627 160
52	1 768 966 344 600	4 481 381 406 320	10 363 194 502 115	21 945 588 357 420	42 671 977 361 650	76 360 380 541 900	125 994 627 894 135

Binomialkoeffizienten $\quad \dbinom{n}{k} = \dbinom{n}{n-k}$

n \ k	21	22	23	24	25	26
42	538 257 874 440					
43	1 052 049 481 860					
44	2 012 616 400 080	2 104 098 963 720				
45	3 773 655 750 150	4 116 715 363 800				
46	6 943 526 580 276	7 890 371 113 950	8 233 430 727 600			
47	12 551 759 587 422	14 833 897 694 226	16 123 801 841 550			
48	22 314 239 266 528	27 385 657 281 648	30 957 699 535 776	32 247 603 683 100		
49	39 049 918 716 424	49 699 896 548 176	58 343 356 817 424	63 205 303 218 876		
50	67 327 446 062 800	88 749 815 264 600	108 043 253 365 600	121 548 660 036 300	126 410 606 437 752	
51	114 456 658 306 760	156 077 261 327 400	196 793 068 630 200	229 591 913 401 900	247 959 266 474 052	
52	191 991 813 933 920	270 533 919 634 160	352 870 329 957 600	426 384 982 032 100	477 551 179 875 952	495 918 532 948 104

Binomialverteilung $B(n, p, k) = 0, \ldots$; fehlende Werte sind $< 5 \cdot 10^{-6}$.

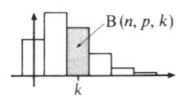

n	k	0,01	0,02	0,03	0,04	0,05	0,10	0,15	$\frac{1}{6}$	k
3	0	97030	94119	91267	88474	85738	72900	61413	57870	3
	1	02940	05762	08468	11059	13538	24300	32513	34722	2
	2	00030	00118	00262	00461	00713	02700	05738	06944	1
	3	00000	00001	00003	00006	00013	00100	00338	00463	0
4	0	96060	92237	88529	84935	81451	65610	52201	48225	4
	1	03881	07530	10952	14156	17148	29160	36848	38580	3
	2	00059	00230	00508	00885	01354	04860	09754	11574	2
	3	00000	00003	00010	00025	00048	00360	01148	01543	1
	4		00000	00000	00000	00001	00010	00051	00077	0
5	0	95099	90392	85873	81537	77378	59049	44371	40188	5
	1	04803	09224	13279	16987	20363	32805	39150	40188	4
	2	00097	00376	00821	01416	02143	07290	13818	16075	3
	3	00001	00008	00025	00059	00113	00810	02438	03215	2
	4	00000	00000	00000	00001	00003	00045	00215	00322	1
	5				00000	00000	00001	00008	00013	0
6	0	94148	88584	83297	78276	73509	53144	37715	33490	6
	1	05706	10847	15457	19569	23213	35429	39933	40188	5
	2	00144	00553	01195	02038	03054	09842	17618	20094	4
	3	00002	00015	00049	00113	00214	01458	04145	05358	3
	4	00000	00000	00001	00004	00008	00122	00549	00804	2
	5			00000	00000	00000	00005	00039	00064	1
	6						00000	00001	00002	0
7	0	93207	86813	80798	75145	69834	47830	32058	27908	7
	1	06590	12402	17492	21917	25728	37201	39601	39071	6
	2	00200	00759	01623	02740	04062	12400	20965	23443	5
	3	00003	00026	00084	00190	00356	02296	06166	07814	4
	4	00000	00001	00003	00008	00019	00255	01088	01563	3
	5		00000	00000	00000	00001	00017	00115	00188	2
	6					00000	00001	00007	00013	1
	7						00000	00000	00000	0
8	0	92274	85076	78374	72139	66342	43047	27249	23257	8
	1	07457	13890	19392	24046	27933	38264	38469	37211	7
	2	00264	00992	02099	03507	05146	14880	23760	26048	6
	3	00005	00040	00130	00292	00542	03307	08386	10419	5
	4	00000	00001	00005	00015	00036	00459	01850	02605	4
	5		00000	00000	00001	00002	00041	00261	00417	3
	6				00000	00000	00002	00023	00042	2
	7						00000	00001	00002	1
	8							00000	00000	0
9	0	91352	83375	76023	69253	63025	38742	23162	19381	9
	1	08305	15314	21161	25970	29854	38742	36786	34885	8
	2	00336	01250	02618	04328	06285	17219	25967	27908	7
	3	00008	00060	00189	00421	00772	04464	10692	13024	6
	4	00000	00002	00009	00026	00061	00744	02830	03907	5
	5		00000	00000	00001	00003	00083	00499	00781	4
	6				00000	00000	00006	00059	00104	3
	7						00000	00004	00009	2
	8							00000	00000	1
	9									0
n		0,99	0,98	0,97	0,96	0,95	0,90	0,85	$\frac{5}{6}$	k / p

Beispiel: $B(7; 0,1; 2) = B(7; 0,9; 5) = 0{,}12400$

Binomialverteilung $B(n, p, k) = 0, \ldots$; fehlende Werte sind $< 5 \cdot 10^{-6}$.

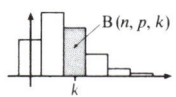

n	k $\backslash$ p	0,20	0,25	0,30	$\frac{1}{3}$	0,35	0,40	0,45	0,50	
3	0	51200	42188	34300	29630	27463	21600	16638	12500	3
	1	38400	42188	44100	44444	44363	43200	40838	37500	2
	2	09600	14063	18900	22222	23888	28800	33413	37500	1
	3	00800	01563	02700	03704	04288	06400	09113	12500	0
4	0	40960	31641	24010	19753	17851	12960	09151	06250	4
	1	40960	42188	41160	39506	38448	34560	29948	25000	3
	2	15360	21094	26460	29630	31054	34560	36754	37500	2
	3	02560	04688	07560	09877	11148	15360	20048	25000	1
	4	00160	00391	00810	01235	01501	02560	04101	06250	0
5	0	32768	23730	16807	13169	11603	07776	05033	03125	5
	1	40960	39551	36015	32922	31239	25920	20589	15625	4
	2	20480	26367	30870	32922	33642	34560	33691	31250	3
	3	05120	08789	13230	16461	18115	23040	27565	31250	2
	4	00640	01465	02835	04115	04877	07680	11277	15625	1
	5	00032	00098	00243	00412	00525	01024	01845	03125	0
6	0	26214	17798	11765	08779	07542	04666	02768	01563	6
	1	39322	35596	30253	26337	24366	18662	13589	09375	5
	2	24576	29663	32414	32922	32801	31104	27795	23438	4
	3	08192	13184	18522	21948	23549	27648	30322	31250	3
	4	01536	03296	05954	08230	09510	13824	18607	23438	2
	5	00154	00439	01021	01646	02048	03686	06089	09375	1
	6	00006	00024	00073	00137	00184	00410	00830	01563	0
7	0	20972	13348	08235	05853	04902	02799	01522	00781	7
	1	36700	31146	24706	20485	18478	13064	08719	05469	6
	2	27525	31146	31765	30727	29848	26127	21402	16406	5
	3	11469	17303	22689	25606	26787	29030	29185	27344	4
	4	02867	05768	09724	12803	14424	19354	23878	27344	3
	5	00430	01154	02500	03841	04660	07741	11722	16406	2
	6	00036	00128	00357	00640	00836	01720	03197	05469	1
	7	00001	00006	00022	00046	00064	00164	00374	00781	0
8	0	16777	10011	05765	03902	03186	01680	00837	00391	8
	1	33554	26697	19765	15607	13726	08958	05481	03125	7
	2	29360	31146	29648	27313	25869	20902	15695	10938	6
	3	14680	20764	25412	27313	27859	27869	25683	21875	5
	4	04588	08652	13614	17071	18751	23224	26266	27344	4
	5	00918	02307	04668	06828	08077	12386	17192	21875	3
	6	00115	00385	01000	01707	02175	04129	07033	10938	2
	7	00008	00037	00122	00244	00335	00786	01644	03125	1
	8	00000	00002	00007	00015	00023	00066	00168	00391	0
9	0	13422	07508	04035	02601	02071	01008	00461	00195	9
	1	30199	22525	15565	11706	10037	06047	03391	01758	8
	2	30199	30034	26683	23411	21619	16124	11099	07031	7
	3	17616	23360	26683	27313	27162	25082	21188	16406	6
	4	06606	11680	17153	20485	21939	25082	26004	24609	5
	5	01652	03893	07351	10242	11813	16722	21276	24609	4
	6	00275	00865	02100	03414	04241	07432	11605	16406	3
	7	00029	00124	00386	00732	00979	02123	04069	07031	2
	8	00002	00010	00041	00091	00132	00354	00832	01758	1
	9	00000	00000	00002	00005	00008	00026	00076	00195	0
n		0,80	0,75	0,70	$\frac{2}{3}$	0,65	0,60	0,55	0,50	p $\diagdown$ k

Beispiel: $\boxed{B(7; 0,3; 2) = B(7; 0,7; 5) = 0,31765}$

17

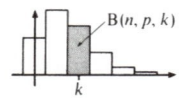

Binomialverteilung $B(n, p, k) = 0, \ldots$; fehlende Werte sind $< 5 \cdot 10^{-6}$.

n	k $\diagdown$ p	0,01	0,02	0,03	0,04	0,05	0,10	0,15	$\frac{1}{6}$	k
10	0	90438	81707	73742	66483	59874	34868	19687	16151	10
	1	09135	16675	22807	27701	31512	38742	34743	32301	9
	2	00415	01531	03174	05194	07463	19371	27590	29071	8
	3	00011	00083	00262	00577	01048	05740	12983	15505	7
	4	00000	00003	00014	00042	00096	01116	04010	05427	6
	5		00000	00001	00002	00006	00149	00849	01302	5
	6			00000	00000	00000	00014	00125	00217	4
	7						00001	00013	00025	3
	8						00000	00001	00002	2
	9							00000	00000	1
	10									0
15	0	86006	73857	63325	54209	46329	20589	08735	06491	15
	1	13031	22609	29378	33880	36576	34315	23123	19472	14
	2	00921	03230	06360	09882	13475	26690	28564	27260	13
	3	00040	00286	00852	01784	03073	12851	21843	23626	12
	4	00001	00017	00079	00223	00485	04284	11564	14175	11
	5	00000	00001	00005	00020	00056	01047	04490	06237	10
	6		00000	00000	00001	00005	00194	01320	02079	9
	7				00000	00000	00028	00300	00535	8
	8						00003	00053	00107	7
	9						00000	00007	00017	6
	10							00001	00002	5
	11							00000	00000	4
	12									3
	13									2
	14									1
	15									0
20	0	81791	66761	54379	44200	35849	12158	03876	02608	20
	1	16523	27249	33637	36834	37735	27017	13680	10434	19
	2	01586	05283	09883	14580	18868	28518	22934	19824	18
	3	00096	00647	01834	03645	05958	19012	24283	23789	17
	4	00004	00056	00241	00645	01333	08978	18212	20220	16
	5	00000	00004	00024	00086	00224	03192	10285	12941	15
	6		00000	00002	00009	00030	00887	04537	06471	14
	7			00000	00001	00003	00197	01601	02588	13
	8				00000	00000	00036	00459	00841	12
	9						00005	00108	00224	11
	10						00001	00021	00049	10
	11						00000	00003	00009	9
	12							00000	00001	8
	13								00000	7
	14									6
	15									5
	16									4
	17									3
	18									2
	19									1
	20									0
n		0,99	0,98	0,97	0,96	0,95	0,90	0,85	$\frac{5}{6}$	k $\diagup$ p

Beispiel: $B(15;\,0{,}1;\,2) = B(15;\,0{,}9;\,13) = 0{,}26690$

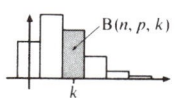

Binomialverteilung $B(n, p, k) = 0, \ldots$; fehlende Werte sind $< 5 \cdot 10^{-6}$.

n	k \ p	0,20	0,25	0,30	$\frac{1}{3}$	0,35	0,40	0,45	0,50	k
10	0	10737	05631	02825	01734	01346	00605	00253	00098	10
	1	26844	18771	12106	08671	07249	04031	02072	00977	9
	2	30199	28157	23347	19509	17565	12093	07630	04395	8
	3	20133	25028	26683	26012	25222	21499	16648	11719	7
	4	08808	14600	20012	22761	23767	25082	23837	20508	6
	5	02642	05840	10292	13656	15357	20066	23403	24609	5
	6	00551	01622	03676	05690	06891	11148	15957	20508	4
	7	00079	00309	00900	01626	02120	04247	07460	11719	3
	8	00007	00039	00145	00305	00428	01062	02289	04395	2
	9	00000	00003	00014	00034	00051	00157	00416	00977	1
	10		00000	00001	00002	00003	00010	00034	00098	0
15	0	03518	01336	00475	00228	00156	00047	00013	00003	15
	1	13194	06682	03052	01713	01262	00470	00156	00046	14
	2	23090	15591	09156	05995	04756	02194	00896	00320	13
	3	25014	22520	17004	12988	11096	06339	03177	01389	12
	4	18760	22520	21862	19482	17925	12678	07798	04166	11
	5	10318	16515	20613	21431	21234	18594	14036	09164	10
	6	04299	09175	14724	17859	19056	20660	19140	15274	9
	7	01382	03932	08113	11481	13193	17708	20134	19638	8
	8	00345	01311	03477	05740	07104	11806	16474	19638	7
	9	00067	00340	01159	02232	02975	06121	10483	15274	6
	10	00010	00068	00298	00670	00961	02449	05146	09164	5
	11	00001	00010	00058	00152	00235	00742	01914	04166	4
	12	00000	00001	00008	00025	00042	00165	00522	01389	3
	13		00000	00001	00003	00005	00025	00099	00320	2
	14			00000	00000	00000	00002	00012	00046	1
	15						00000	00001	00003	0
20	0	01153	00317	00080	00030	00018	00004	00001	00000	20
	1	05765	02114	00684	00301	00195	00049	00010	00002	19
	2	13691	06695	02785	01428	00998	00309	00082	00018	18
	3	20536	13390	07160	04285	03226	01125	00401	00109	17
	4	21820	18969	13042	09106	07382	03499	01393	00462	16
	5	17456	20233	17886	14570	12720	07465	03647	01479	15
	6	10910	16861	19164	18213	17123	12441	07460	03696	14
	7	05455	11241	16426	18213	18440	16588	12207	07393	13
	8	02216	06089	11440	14798	16135	17971	16230	12013	12
	9	00739	02706	06537	09865	11584	15974	17705	16018	11
	10	00203	00992	03082	05426	06861	11714	15935	17620	10
	11	00046	00301	01201	02466	03359	07099	11852	16018	9
	12	00009	00075	00386	00925	01356	03550	07273	12013	8
	13	00001	00015	00102	00285	00449	01456	03662	07393	7
	14	00000	00003	00022	00071	00121	00485	01498	03696	6
	15		00000	00004	00014	00026	00129	00490	01479	5
	16			00001	00002	00004	00027	00125	00462	4
	17			00000	00000	00001	00004	00024	00109	3
	18					00000	00000	00003	00018	2
	19							00000	00002	1
	20								00000	0
n		0,80	0,75	0,70	$\frac{2}{3}$	0,65	0,60	0,55	0,50	p \ k

Beispiel: B(15; 0,3; 2) = B(15; 0,7; 13) = 0,09156

Binomialverteilung $B(n, p, k) = 0, \ldots$; fehlende Werte sind $< 5 \cdot 10^{-6}$.

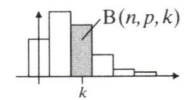

n	k	0,01	0,02	0,03	0,04	0,05	0,10	0,15	$\frac{1}{6}$	
25	0	77782	60346	46697	36040	27739	07179	01720	01048	25
	1	19642	30789	36106	37541	36499	19942	07587	05241	24
	2	02381	07540	13400	18771	23052	26589	16067	12579	23
	3	00184	01180	03177	05996	09302	22650	21738	19288	22
	4	00010	00132	00540	01374	02693	13842	21099	21217	21
	5	00000	00011	00070	00240	00595	06459	15638	17822	20
	6		00001	00007	00033	00104	02392	09199	11881	19
	7		00000	00001	00004	00015	00722	04406	06450	18
	8			00000	00000	00002	00180	01749	02902	17
	9					00000	00038	00583	01096	16
	10						00007	00165	00351	15
	11						00001	00040	00096	14
	12						00000	00008	00022	13
	13							00001	00004	12
	14							00000	00001	11
	15								00000	10
30	0	73970	54548	40101	29386	21464	04239	00763	00421	30
	1	22415	33397	37207	36732	33890	14130	04040	02528	29
	2	03283	09883	16686	22192	25864	22766	10337	07330	28
	3	00310	01882	04816	08630	12705	23609	17026	13683	27
	4	00021	00259	01005	02427	04514	17707	20281	18472	26
	5	00001	00028	00162	00526	01235	10230	18611	19211	25
	6	00000	00002	00021	00091	00271	04736	13684	16009	24
	7		00000	00002	00013	00049	01804	08280	10978	23
	8			00000	00002	00007	00576	04201	06312	22
	9				00000	00001	00157	01812	03086	21
	10					00000	00037	00672	01296	20
	11						00007	00215	00471	19
	12						00001	00060	00149	18
	13						00000	00015	00041	17
	14							00003	00010	16
	15							00001	00002	15
	16							00000	00000	14
n		0,99	0,98	0,97	0,96	0,95	0,90	0,85	$\frac{5}{6}$	k / p

Beispiel: $B(30; 0,1; 9) = B(30; 0,9; 21) = 0,00157$

Binomialverteilung $B(n, p, k) = 0, \ldots$; fehlende Werte sind $< 5 \cdot 10^{-6}$.

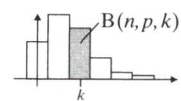

n	k	0,20	0,25	0,30	$\frac{1}{3}$	0,35	0,40	045	0,50	
25	0	00378	00075	00013	00004	00002	00000	00000		25
	1	02361	00627	00144	00050	00028	00005	00001	00000	24
	2	07084	02508	00739	00297	00183	00038	00006	00001	23
	3	13577	06411	02428	01139	00755	00194	00041	00007	22
	4	18668	11753	05723	03131	02236	00710	00183	00038	21
	5	19602	16454	10302	06575	05058	01989	00629	00158	20
	6	16335	18282	14717	10959	09078	04420	01715	00528	19
	7	11084	16541	17119	14872	13268	07999	03810	01433	18
	8	06235	12406	16508	16732	16074	11998	07013	03223	17
	9	02944	07811	13364	15802	16349	15109	10839	06089	16
	10	01178	04166	09164	12642	14085	16116	14189	09742	15
	11	00401	01894	05355	08619	10342	14651	15831	13284	14
	12	00117	00736	02678	05028	06497	11395	15111	15498	13
	13	00029	00245	01148	02514	03498	07597	12364	15498	12
	14	00006	00070	00422	01077	01615	04341	08671	13284	11
	15	00001	00017	00132	00395	00638	02122	05202	09742	10
	16	00000	00004	00035	00123	00215	00884	02660	06089	9
	17		00001	00008	00033	00061	00312	01152	03223	8
	18		00000	00002	00007	00015	00092	00419	01433	7
	19			00000	00001	00003	00023	00126	00528	6
	20				00000	00000	00005	00031	00158	5
	21						00001	00006	00038	4
	22						00000	00001	00007	3
	23							00000	00001	2
	24								00000	1
30	0	00124	00018	00002	00001	00000				30
	1	00928	00179	00029	00008	00004	00000			29
	2	03366	00863	00180	00057	00031	00004	00000		28
	3	07853	02685	00720	00265	00155	00027	00004	00000	27
	4	13252	06042	02084	00893	00562	00120	00020	00003	26
	5	17228	10473	04644	02322	01574	00415	00085	00013	25
	6	17946	14546	08293	04838	03531	01152	00289	00055	24
	7	15382	16624	12185	08294	06520	02634	00812	00190	23
	8	11056	15931	15014	11923	10093	05049	01910	00545	22
	9	06756	12981	15729	14573	13285	08228	03820	01332	21
	10	03547	09087	14156	15302	15022	11519	06564	02798	20
	11	01612	05507	11031	13910	14707	13962	09764	05088	19
	12	00638	02906	07485	11012	12538	14738	12649	08055	18
	13	00221	01341	04442	07624	09348	13604	14330	11154	17
	14	00067	00543	02312	04629	06112	11013	14237	13544	16
	15	00018	00193	01057	02469	03511	07831	12425	14446	15
	16	00004	00060	00425	01157	01772	04895	09530	13544	14
	17	00001	00017	00150	00477	00786	02687	06422	11154	13
	18	00000	00004	00046	00172	00306	01294	03795	08055	12
	19		00001	00013	00054	00104	00545	01961	05088	11
	20		00000	00003	00015	00031	00200	00882	02798	10
	21			00001	00004	00008	00063	00344	01332	9
	22			00000	00001	00002	00017	00115	00545	8
	23				00000	00000	00004	00033	00190	7
	24						00001	00008	00055	6
	25						00000	00002	00013	5
	26							00000	00003	4
	27								00000	3
n		0,80	0,75	0,70	$\frac{2}{3}$	0,65	0,60	0,55	0,50	k / p

Beispiel: B(30; 0,3; 9) = B(30; 0,7; 21) = 0,15729

21

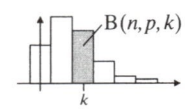

Binomialverteilung $B(n, p, k) = 0, \ldots$; fehlende Werte sind $< 5 \cdot 10^{-6}$.

n	k \ p	0,01	0,02	0,03	0,04	0,05	0,10	0,15	$\frac{1}{6}$	
40	0	66897	44570	29571	19537	12851	01478	00150	00068	40
	1	27029	36384	36583	32561	27055	06569	01060	00544	39
	2	05324	14479	22063	26456	27767	14233	03649	02123	38
	3	00681	03743	08643	13963	18511	20032	08157	05378	37
	4	00064	00707	02473	05381	09012	20589	13315	09949	36
	5	00005	00104	00551	01614	03415	16471	16918	14326	35
	6	00000	00012	00099	00392	01049	10676	17416	16714	34
	7		00001	00015	00079	00268	05761	14928	16236	33
	8		00000	00002	00014	00058	02641	10866	13395	32
	9			00000	00002	00011	01043	06818	09525	31
	10				00000	00002	00359	03730	05906	30
	11					00000	00109	01795	03221	29
	12						00029	00766	01557	28
	13						00007	00291	00671	27
	14						00001	00099	00259	26
	15						00000	00030	00090	25
	16							00008	00028	24
	17							00002	00008	23
	18							00000	00002	22
	19								00000	21
n		0,99	0,98	0,97	0,96	0,95	0,90	0,85	$\frac{5}{6}$	k \ p

n	k \ p	0,20	0,25	0,30	$\frac{1}{3}$	0,35	0,40	0,45	0,50	
40	0	00013	00001	00000						40
	1	00133	00013	00001	00000	00000				39
	2	00648	00087	00009	00002	00001				38
	3	02052	00368	00050	00011	00005	00000			37
	4	04745	01135	00196	00052	00025	00002	00000		36
	5	08541	02723	00606	00186	00098	00012	00001		35
	6	12456	05295	01514	00542	00307	00045	00005	00000	34
	7	15125	08573	03152	01317	00804	00146	00019	00002	33
	8	15598	11788	05573	02717	01785	00401	00064	00007	32
	9	13865	13971	08492	04830	03418	00951	00185	00025	31
	10	10745	14436	11282	07486	05706	01965	00469	00077	30
	11	07326	13124	13186	10209	08379	03573	01047	00210	29
	12	04426	10572	13657	12336	10903	05756	02070	00508	28
	13	02383	07590	12607	13284	12645	08265	03647	01094	27
	14	01149	04879	10420	12810	13132	10626	05755	02111	26
	15	00498	02819	07741	11102	12256	12280	08161	03658	25
	16	00195	01468	05183	08673	10312	12791	10433	05716	24
	17	00069	00691	03136	06122	07839	12039	12051	08070	23
	18	00022	00294	01717	03912	05393	10255	12599	10312	22
	19	00006	00114	00852	02265	03363	07916	11936	11940	21
	20	00002	00040	00384	01189	01901	05541	10254	12537	20
	21	00000	00013	00157	00566	00975	03518	07990	11940	19
	22		00004	00058	00244	00453	02026	05646	10312	18
	23		00001	00019	00096	00191	01057	03615	08070	17
	24		00000	00006	00034	00073	00499	02095	05716	16
	25			00002	00011	00025	00213	01097	03658	15
	26			00000	00003	00008	00082	00518	02111	14
	27				00001	00002	00028	00220	01094	13
	28				00000	00001	00009	00083	00508	12
	29					00000	00002	00028	00210	11
	30						00001	00008	00077	10
	31						00000	00002	00025	9
	32							00001	00007	8
	33							00000	00002	7
	34								00000	6
n		0,80	0,75	0,70	$\frac{2}{3}$	0,65	0,60	0,55	0,50	k \ p

Binomialverteilung $B(n, p, k) = 0, \ldots$; fehlende Werte sind $< 5 \cdot 10^{-6}$.

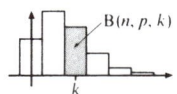

n	$k \backslash p$	0,01	0,02	0,03	0,04	0,05	0,10	0,15	$\frac{1}{6}$	
50	0	60501	36417	21807	12989	07694	00515	00030	00011	50
	1	30556	37160	33721	27060	20249	02863	00261	00110	49
	2	07562	18580	25552	27623	26110	07794	01128	00538	48
	3	01222	06067	12644	18416	21987	13857	03186	01723	47
	4	00145	01455	04595	09016	13598	18090	06606	04049	46
	5	00013	00273	01307	03456	06584	18492	10725	07450	45
	6	00001	00042	00303	01080	02599	15410	14195	11175	44
	7	00000	00005	00059	00283	00860	10763	15745	14049	43
	8		00001	00010	00063	00243	06428	14935	15103	42
	9		00000	00001	00012	00060	03333	12299	14096	41
	10			00000	00002	00013	01518	08899	11559	40
	11				00000	00002	00613	05711	08406	39
	12					00000	00222	03275	05464	38
	13						00072	01689	03194	37
	14						00021	00788	01688	36
	15						00006	00334	00810	35
	16						00001	00129	00355	34
	17						00000	00045	00142	33
	18							00015	00052	32
	19							00004	00018	31
	20							00001	00005	30
	21							00000	00002	29
	22								00000	28
100	0	36603	13262	04755	01687	00592	00003			100
	1	36973	27065	14707	07029	03116	00030	00000		99
	2	18486	27341	22515	14498	08118	00162	00001	00000	98
	3	06100	18228	22747	19733	13958	00589	00008	00002	97
	4	01494	09021	17061	19939	17814	01587	00033	00008	96
	5	00290	03535	10131	15951	18002	03387	00113	00029	95
	6	00046	01142	04961	10523	15001	05958	00315	00092	94
	7	00006	00313	02060	05888	10603	08890	00746	00247	93
	8	00001	00074	00741	02852	06487	11482	01531	00575	92
	9	00000	00015	00234	01215	03490	13042	02762	01176	91
	10		00003	00066	00461	01672	13187	04435	02140	90
	11		00000	00017	00157	00720	11988	06404	03502	89
	12			00004	00049	00281	09879	08382	05195	88
	13			00001	00014	00100	07430	10012	07033	87
	14			00000	00004	00033	05130	10980	08742	86
	15				00001	00009	03268	11109	10024	85
	16				00000	00003	01929	10415	10650	84
	17					00001	01059	09081	10525	83
	18					00000	00543	07390	09706	82
	19						00260	05628	08378	81
	20						00117	04022	06786	80
	21						00050	02704	05170	79
	22						00020	01714	03713	78
	23						00007	01026	02519	77
	24						00003	00581	01616	76
	25						00001	00311	00983	75
	26						00000	00159	00567	74
	27							00077	00311	73
	28							00035	00162	72
	29							00015	00080	71
	30							00006	00038	70
	31							00003	00017	69
	32							00001	00007	68
	33							00000	00003	67
	34								00001	66
	35								00000	65
n		0,99	0,98	0,97	0,96	0,95	0,90	0,85	$\frac{5}{6}$	p / k

Beispiel:

B(100; 0,1; 19) = 0,00260

B(100; 0,9; 81) = 0,00260

Binomialverteilung $B(n, p, k) = 0, \ldots$; fehlende Werte sind $< 5 \cdot 10^{-6}$.

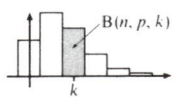

n	k	0,20	0,25	0,30	$\tfrac{1}{3}$	0,35	0,40	0,45	0,50	k
50	0	00001	00000							50
	1	00018	00001							49
	2	00109	00008	00000						48
	3	00437	00041	00003	00000	00000				47
	4	01284	00161	00014	00002	00001				46
	5	02953	00494	00055	00010	00004	00000			45
	6	05537	01234	00177	00039	00017	00001			44
	7	08701	02586	00477	00122	00058	00005	00000		43
	8	11692	04634	01099	00329	00168	00017	00001		42
	9	13641	07209	02198	00767	00422	00053	00004	00000	41
	10	13982	09852	03862	01573	00931	00144	00014	00001	40
	11	12711	11942	06019	02860	01823	00349	00043	00003	39
	12	10328	12937	08383	04648	03190	00756	00114	00011	38
	13	07547	12605	10502	06794	05020	01474	00272	00032	37
	14	04986	11104	11895	08977	07144	02597	00589	00083	36
	15	02992	08884	12235	10773	09233	04155	01157	00200	35
	16	01636	06478	11470	11783	10875	06059	02070	00437	34
	17	00818	04318	09831	11783	11712	08079	03388	00875	33
	18	00375	02639	07725	10801	11562	09874	05082	01603	32
	19	00158	01482	05576	09095	10485	11086	07002	02701	31
	20	00061	00765	03704	07049	08751	11456	08880	04186	30
	21	00022	00365	02268	05035	06731	10910	10379	05980	29
	22	00007	00160	01281	03319	04778	09588	11194	07883	28
	23	00002	00065	00668	02020	03132	07781	11150	09596	27
	24	00001	00024	00322	01136	01897	05836	10263	10796	26
	25	00000	00008	00144	00591	01062	04046	08733	11228	25
	26		00003	00059	00284	00550	02594	06870	10796	24
	27		00001	00023	00126	00263	01537	04997	09596	23
	28		00000	00008	00052	00116	00842	03358	07883	22
	29			00003	00020	00048	00426	02084	05980	21
	30			00001	00007	00018	00199	01194	04186	20
	31			00000	00002	00006	00085	00630	02701	19
	32				00001	00002	00034	00306	01603	18
	33				00000	00001	00012	00137	00875	17
	34					00000	00004	00056	00437	16
	35						00001	00021	00200	15
	36						00000	00007	00083	14
	37							00002	00032	13
	38							00001	00011	12
	39							00000	00003	11
	40							00001	00001	10
	41							00000	00000	9
100	4	00000								96
	5	00001								95
	6	00006								94
	7	00020	00000							93
	8	00058	00001							92
	9	00148	00003							91
	10	00336	00009							90
	11	00688	00026	00000						89
	12	01275	00063	00001						88
	13	02158	00143	00004	00000					87
	14	03353	00296	00010	00001					86
	15	04806	00566	00025	00002	00000				85
	16	06383	01003	00056	00005	00001				84
	17	07885	01652	00119	00012	00003				83
	18	09090	02539	00236	00029	00009				82
	19	09807	03652	00436	00062	00020	00000			81
	20	09930	04930	00758	00126	00044	00001			80
	21	09457	06260	01237	00239	00090	00003			79
	22	08490	07494	01903	00430	00175	00006			78
n		0,80	0,75	0,70	$\tfrac{2}{3}$	0,65	0,60	0,55	0,50	p ＼ k

Beispiel: B(100; 0,3; 19) = B(100; 0,7; 81) = 0,00436

24

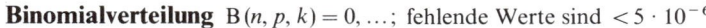 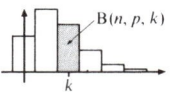

Binomialverteilung $B(n, p, k) = 0, \ldots$; fehlende Werte sind $< 5 \cdot 10^{-6}$.

n	k \ p	0,20	0,25	0,30	$\frac{1}{3}$	0,35	0,40	0,45	0,50	
100	23	07198	08471	02767	00729	00319	00014	00000		77
	24	05773	09059	03804	01170	00551	00031	00001		76
	25	04388	09180	04956	01778	00901	00063	00002		75
	26	03164	08827	06127	02564	01400	00121	00004		74
	27	02168	08064	07197	03514	02066	00220	00009		73
	28	01413	07008	08041	04580	02901	00383	00020	00000	72
	29	00877	05800	08556	05686	03878	00634	00040	00001	71
	30	00519	04575	08678	06728	04942	01001	00078	00002	70
	31	00293	03444	08398	07597	06009	01507	00143	00005	69
	32	00158	02475	07761	08190	06977	02166	00253	00011	68
	33	00081	01700	06854	08438	07741	02975	00426	00023	67
	34	00040	01117	05788	08314	08214	03908	00687	00046	66
	35	00019	00702	04678	07839	08340	04913	01060	00086	65
	36	00009	00422	03620	07077	08109	05914	01566	00156	64
	37	00004	00244	02683	06121	07552	06820	02217	00270	63
	38	00002	00135	01907	05074	06742	07538	03007	00447	62
	39	00001	00071	01299	04033	05771	07989	03911	00711	61
	40	00000	00036	00849	03075	04739	08122	04880	01084	60
	41		00018	00532	02250	03734	07924	05843	01587	59
	42		00008	00321	01580	02825	07421	06716	02229	58
	43		00004	00185	01066	02052	06673	07412	03007	57
	44		00002	00103	00690	01431	05763	07856	03895	56
	45		00001	00055	00430	00959	04781	07999	04847	55
	46		00000	00028	00257	00617	03811	07825	05796	54
	47			00014	00148	00382	02919	07356	06659	53
	48			00007	00081	00227	02149	06645	07353	52
	49			00003	00043	00130	01520	05770	07803	51
	50			00001	00022	00071	01034	04815	07959	50
	51			00001	00011	00038	00676	03862	07803	49
	52			00000	00005	00019	00424	02978	07353	48
	53				00002	00009	00256	02207	06659	47
	54				00001	00004	00149	01571	05796	46
	55				00000	00002	00083	01075	04847	45
	56					00001	00044	00707	03895	44
	57					00000	00023	00447	03007	43
	58						00011	00271	02229	42
	59						00005	00158	01587	41
	60						00002	00088	01084	40
	61						00001	00047	00711	39
	62						00000	00024	00447	38
	63							00012	00270	37
	64							00006	00156	36
	65							00003	00086	35
	66							00001	00046	34
	67							00000	00023	33
	68								00011	32
	69								00005	31
	70								00002	30
	71								00001	29
	72								00000	28
n		0,80	0,75	0,70	$\frac{2}{3}$	0,65	0,60	0,55	0,50	k \ p

Beispiel: $\quad B(100; 0,3; 39) = B(100; 0,7; 61) = 0{,}01299$

Binomialverteilung $B(n, p, k) = 0, \ldots$; fehlende Werte sind $< 5 \cdot 10^{-6}$.

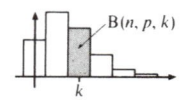

n	k	0,01	0,02	0,03	0,04	0,05	0,10	0,15	$\frac{1}{6}$	
200	0	13398	01759	00226	00028	00004				200
	1	27067	07179	01399	00237	00037				199
	2	27203	14577	04304	00983	00193				198
	3	18136	19635	08786	02704	00671	00000			197
	4	09022	19735	13383	05549	01740	00001			196
	5	03572	15788	16225	09063	03590	00003			195
	6	01173	10472	16309	12273	06140	00011			194
	7	00328	05923	13979	14172	08956	00034			193
	8	00080	02916	10430	14246	11372	00090			192
	9	00017	01270	06882	12663	12769	00214	00000		191
	10	00003	00495	04065	10078	12836	00454	00001		190
	11	00001	00174	02172	07253	11669	00872	00002		189
	12	00000	00056	01058	04760	09673	01526	00004	00000	188
	13		00017	00473	02868	07362	02452	00011	00001	187
	14		00005	00195	01596	05176	03638	00026	00003	186
	15		00001	00075	00825	03378	05013	00056	00007	185
	16		00000	00027	00397	02056	06440	00115	00016	184
	17			00009	00179	01171	07745	00219	00035	183
	18			00003	00076	00627	08749	00392	00071	182
	19			00001	00030	00316	09312	00663	00136	181
	20			00000	00011	00150	09364	01059	00247	180
	21				00004	00068	08918	01602	00423	179
	22				00001	00029	08062	02301	00688	178
	23				00000	00012	06933	03142	01065	177
	24					00005	05681	04089	01571	176
	25					00002	04444	05080	02212	175
	26					00001	03323	06034	02978	174
	27					00000	02380	06863	03838	173
	28						01634	07483	04743	172
	29						01077	07832	05626	171
	30						00682	07878	06414	170
	31						00415	07624	07034	169
	32						00244	07105	07430	168
	33						00138	06383	07565	167
	34						00075	05533	07431	166
	35						00040	04631	07049	165
	36						00020	03746	06462	164
	37						00010	02930	05728	163
	38						00005	02218	04914	162
	39						00002	01626	04083	161
	40						00001	01155	03287	160
	41						00000	00795	02565	159
	42							00531	01942	158
	43							00344	01427	157
	44							00217	01019	156
	45							00133	00706	155
	46							00079	00476	154
	47							00046	00312	153
	48							00026	00199	152
	49							00014	00123	151
	50							00007	00075	150
	51							00004	00044	149
	52							00002	00025	148
	53							00001	00014	147
	54							00000	00008	146
	55								00004	145
	56								00002	144
	57								00001	143
	58								00001	142
	59								00000	141
n		0,99	0,98	0,97	0,96	0,95	0,90	0,85	$\frac{5}{6}$	p k

Beispiel:

$B(200; 0,1; 29) = 0,01077$

$B(200; 0,9; 171) = 0,01077$

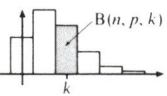

Binomialverteilung $B(n, p, k) = 0, …$; fehlende Werte sind $< 5 \cdot 10^{-6}$.

Beispiel:

$B(200; 0,3; 59) = 0,06103$

$B(200; 0,7; 141) = 0,06103$

n	$k \diagdown p$	0,20	0,25	0,30	$\frac{1}{3}$	0,35	0,40	0,45	0,50	k
200	17	00000								183
	18	00001								182
	19	00003								181
	20	00006								180
	21	00013								179
	22	00027								178
	23	00051								177
	24	00095	00000							176
	25	00167	00001							175
	26	00280	00001							174
	27	00452	00003							173
	28	00698	00005							172
	29	01035	00011							171
	30	01474	00020							170
	31	02021	00037							169
	32	02669	00066							168
	33	03397	00112	00000						167
	34	04171	00183	00001						166
	35	04946	00289	00002						165
	36	05667	00442	00004						164
	37	06280	00653	00007						163
	38	06734	00934	00013	00000					162
	39	06993	01293	00024	00001					161
	40	07037	01735	00041	00001					160
	41	06865	02256	00068	00002	00000				159
	42	06498	02847	00111	00004	00001				158
	43	05969	03487	00175	00008	00001				157
	44	05324	04148	00268	00014	00002				156
	45	04614	04793	00398	00024	00004				155
	46	03887	05384	00574	00040	00008				154
	47	03184	05880	00806	00065	00013				153
	48	02537	06247	01102	00104	00023				152
	49	01968	06460	01464	00162	00039				151
	50	01486	06503	01895	00244	00063	00000			150
	51	01092	06375	02389	00359	00099	00001			149
	52	00783	06089	02934	00514	00153	00001			148
	53	00546	05668	03511	00717	00230	00002			147
	54	00372	05143	04096	00976	00338	00004			146
	55	00247	04551	04660	01296	00483	00007			145
	56	00160	03928	05171	01678	00673	00012			144
	57	00101	03308	05599	02119	00916	00020			143
	58	00062	02718	05916	02613	01215	00033			142
	59	00037	02181	06103	03144	01575	00052			141
	60	00022	01708	06146	03694	01993	00082	00000		140
	61	00013	01307	06045	04240	02463	00125	00001		139
	62	00007	00977	05809	04752	02974	00187	00002		138
	63	00004	00713	05453	05205	03507	00273	00003		137
	64	00002	00509	05003	05571	04043	00390	00005		136
	65	00001	00355	04486	05828	04555	00543	00009		135
	66	00001	00242	03932	05961	05016	00741	00015		134
	67	00000	00161	03371	05961	05402	00988	00025		133
	68		00105	02825	05829	05690	01288	00040		132
	69		00067	02316	05576	05861	01643	00062	00000	131
	70		00042	01858	05217	05906	02050	00095	00001	130
	71		00026	01458	04776	05823	02502	00143	00001	129
	72		00015	01119	04279	05617	02988	00210	00002	128
	73		00009	00841	03751	05304	03493	00301	00004	127
	74		00005	00619	03219	04901	03997	00422	00006	126
n		0,80	0,75	0,70	$\frac{2}{3}$	0,65	0,60	0,55	0,50	$p \diagdown k$

Binomialverteilung $B(n, p, k) = 0, \ldots$; fehlende Werte sind $< 5 \cdot 10^{-6}$.

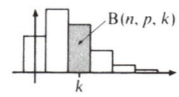

n	k	p = 0,20	0,25	0,30	1/3	0,35	0,40	0,45	0,50	
200	75		00003	00446	02704	04434	04476	00580	00011	125
	76		00002	00314	02224	03927	04908	00781	00017	124
	77		00001	00217	01790	03405	05269	01029	00028	123
	78		00000	00146	01412	02891	05540	01328	00044	122
	79			00097	01090	02404	05703	01678	00068	121
	80			00063	00824	01958	05751	02076	00103	120
	81			00040	00611	01562	05680	02517	00152	119
	82			00025	00443	01221	05495	02988	00220	118
	83			00015	00315	00934	05208	03476	00313	117
	84			00009	00219	00701	04836	03961	00436	116
	85			00005	00150	00515	04400	04423	00596	115
	86			00003	00100	00371	03922	04839	00796	114
	87			00002	00066	00262	03426	05188	01044	113
	88			00001	00042	00181	02933	05451	01340	112
	89			00001	00026	00123	02461	05612	01686	111
	90			00000	00016	00081	02023	05663	02080	110
	91				00010	00053	01631	05601	02514	109
	92				00006	00034	01288	05429	02979	108
	93				00003	00021	00997	05159	03460	107
	94				00002	00013	00757	04804	03938	106
	95				00001	00008	00563	04386	04393	105
	96				00001	00005	00410	03925	04805	104
	97				00000	00003	00293	03443	05152	103
	98					00001	00206	02961	05415	102
	99					00001	00141	02496	05579	101
	100					00000	00095	02063	05635	100
	101						00063	01671	05579	99
	102						00041	01327	05415	98
	103						00026	01033	05152	97
	104						00016	00788	04805	96
	105						00010	00590	04393	95
	106						00006	00432	03938	94
	107						00003	00311	03459	93
	108						00002	00219	02979	92
	109						00001	00151	02514	91
	110						00001	00102	02080	90
	111						00000	00068	01686	89
	112							00044	01340	88
	113							00028	01044	87
	114							00018	00796	86
	115							00011	00596	85
	116							00006	00436	84
	117							00004	00313	83
	118							00002	00220	82
	119							00001	00152	81
	120							00001	00103	80
	121							00000	00068	79
	122								00044	78
	123								00028	77
	124								00017	76
	125								00011	75
	126								00006	74
	127								00004	73
	128								00002	72
	129								00001	71
	130								00001	70
	131								00000	69
n		0,80	0,75	0,70	2/3	0,65	0,60	0,55	0,50	k / p

Beispiel:

B(200; 0,4; 99) = 0,00141

B(200; 0,6; 101) = 0,00141

Kumulative Verteilungsfunktion der Binomialverteilung, $F_p^n(k) = \sum_{i=0}^{k} B(n; p; i)$

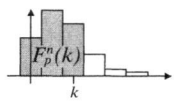

n	k	p 0,01	0,02	0,03	0,04	0,05	0,10	0,15	$\frac{1}{6}$	p k
3	0	97030	94119	91267	88474	85738	72900	61413	57870	0
	1	99970	99882	99735	99533	99275	97200	93925	92593	1
	2		99999	99997	99994	99988	99900	99662	99537	2
4	0	96060	92237	88529	84935	81451	65610	52201	48225	0
	1	99941	99766	99481	99090	98598	94770	89048	86806	1
	2		99997	99989	99975	99952	99630	98802	98380	2
	3					99999	99990	99949	99923	3
5	0	95099	90392	85873	81537	77378	59049	44371	40188	0
	1	99902	99616	99153	98524	97741	91854	83521	80376	1
	2	99999	99992	99974	99940	99884	99144	97339	96451	2
	3				99999	99997	99954	99777	99666	3
	4						99999	99992	99987	4
6	0	94148	88584	83297	78276	73509	53144	37715	33490	0
	1	99854	99431	98754	97845	96723	88574	77648	73678	1
	2	99998	99985	99950	99883	99777	98415	95266	93771	2
	3			99999	99996	99991	99873	99411	99130	3
	4						99995	99960	99934	4
	5						99999	99999	99998	5
7	0	93207	86813	80798	75145	69834	47830	32058	27908	0
	1	99797	99214	98291	97062	95562	85031	71658	66980	1
	2	99997	99974	99914	99802	99624	97431	92623	90422	2
	3		99999	99999	99997	99981	99727	98790	98237	3
	4					99999	99982	99878	99800	4
	5						99999	99993	99987	5
	6									6
8	0	92274	85076	78374	72139	66342	43047	27249	23257	0
	1	99731	98966	97766	96185	94276	81310	65718	60468	1
	2	99995	99958	99865	99692	99421	96191	89479	86515	2
	3		99999	99995	99984	99963	99498	97865	96934	3
	4				99999	99998	99957	99715	99539	4
	5						99998	99976	99956	5
	6							99999	99998	6
	7									7
9	0	91352	83375	76023	69253	63025	38742	23162	19381	0
	1	99656	98689	97184	95223	92879	77484	59948	54266	1
	2	99992	99939	99802	99552	99164	94703	85915	82174	2
	3		99998	99991	99973	99936	99167	96607	95198	3
	4				99999	99997	99911	99437	99105	4
	5						99994	99937	99886	5
	6							99995	99991	6
	7									7
	8									8

Beispiel: $F_{0,02}^{6}(2) = 0{,}99985$

29

Binomialverteilung kumulativ $F_p^n(k) = \sum\limits_{i=0}^{k} B(n; p; i) = 0, \ldots;$ fehlende Werte sind $< 5 \cdot 10^{-6}$ bzw. $\geqq 0{,}999995.$

n	k	0,20	0,25	0,30	$\frac{1}{3}$	0,35	0,40	0,45	0,50	k
3	0	51200	42188	34300	29630	27463	21600	16638	12500	0
	1	89600	84375	78400	74074	71825	64800	57475	50000	1
	2	99200	98438	97300	96296	95713	93600	90888	87500	2
4	0	40960	31641	24010	19753	17851	12960	09151	06250	0
	1	81920	73828	65170	59259	56298	47520	39098	31250	1
	2	97280	94922	91630	88889	87352	82080	75852	68750	2
	3	99840	99609	99190	98765	98499	97440	95899	93750	3
5	0	32768	23730	16807	13169	11603	07776	05033	03125	0
	1	73728	63281	52822	46091	42842	33696	25622	18750	1
	2	94208	89648	83692	79012	76483	68256	59313	50000	2
	3	99328	98438	96922	95473	94598	91296	86878	81250	3
	4	99968	99902	99757	99588	99475	98976	98155	96875	4
6	0	26214	17798	11765	08779	07542	04666	02768	01563	0
	1	65536	53394	42018	35117	31908	23328	16357	10938	1
	2	90112	83057	74431	68038	64709	54432	44152	34375	2
	3	98304	96240	92953	89986	88258	82080	74474	65625	3
	4	99840	99536	98907	98217	97768	95904	93080	89063	4
	5	99994	99976	99927	99863	99816	99590	99170	98438	5
7	0	20972	13348	08235	05853	04902	02799	01522	00781	0
	1	57672	44495	32942	26337	23380	15863	10242	06250	1
	2	85197	75641	64707	57064	53228	41990	31644	22656	2
	3	96666	92944	87396	82670	80015	71021	60829	50000	3
	4	99533	98712	97120	95473	94439	90374	84707	77344	4
	5	99963	99866	99621	99314	99099	98116	96429	93750	5
	6	99999	99992	99978	99954	99936	99836	99626	99219	6
8	0	16777	10011	05765	03902	03186	01680	00837	00391	0
	1	50332	36708	25530	19509	16913	10638	06318	03516	1
	2	79692	67854	55177	46822	42781	31539	22013	14453	2
	3	94372	88618	80590	74135	70640	59409	47696	36328	3
	4	98959	97270	94203	91206	89391	82633	73962	63672	4
	5	99877	99577	98871	98034	97468	95019	91154	85547	5
	6	99992	99962	99871	99741	99643	99148	98188	96484	6
	7			99998	99993	99985	99977	99934	99832	99609	7
9	0	13422	07508	04035	02601	02071	01008	00461	00195	0
	1	43621	30034	19600	14307	12109	07054	03852	01953	1
	2	73820	60068	46283	37718	33727	23179	14950	08984	2
	3	91436	83427	72966	65031	60889	48261	36138	25391	3
	4	98042	95107	90119	85515	82828	73343	62142	50000	4
	5	99693	99001	97471	95758	94641	90065	83418	74609	5
	6	99969	99866	99571	99172	98882	97497	95023	91016	6
	7	99998	99989	99957	99903	99860	99620	99092	98047	7
	8			99998	99995	99992	99974	99924	99805	8

Beispiel: $F_{0{,}25}^{\,6}(2) = 0{,}83057$

Binomialverteilung kumulativ

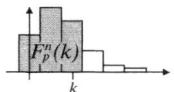

$F_p^n(k)$

n	k	0,50	0,55	0,60	0,65	$\frac{2}{3}$	0,70	0,75	0,80	k
3	0	12500	09112	06400	04287	03704	02700	01563	00800	0
	1	50000	42525	35200	28175	25926	21600	15625	10400	1
	2	87500	83362	78400	72537	70370	65700	57813	48800	2
4	0	06250	04101	02560	01501	01235	00810	00391	00160	0
	1	31250	24148	17920	12648	11111	08370	05078	02720	1
	2	68750	60902	52480	43702	40741	34830	26172	18080	2
	3	93750	90849	87040	82149	80247	75990	68359	59040	3
5	0	03125	01845	01024	00525	00412	00243	00098	00032	0
	1	18750	13122	08704	05402	04527	03078	01563	00672	1
	2	50000	40687	31744	23517	20988	16308	10352	05792	2
	3	81250	74378	66304	57158	53909	47178	36719	26272	3
	4	96875	94967	92224	88397	86831	83193	76270	67232	4
6	0	01563	00830	00410	00184	00137	00073	00024	00006	0
	1	10938	06920	04096	02232	01783	01094	00464	00160	1
	2	34375	25526	17920	11742	10014	07047	03760	01696	2
	3	65625	55848	45568	35291	31962	25569	16943	09888	3
	4	89063	83643	76672	68092	64883	57983	46606	34464	4
	5	98438	97232	95334	92458	91221	88235	82202	73786	5
7	0	00781	00374	00164	00064	00046	00022	00006	00001	0
	1	06250	03571	01884	00901	00686	00379	00134	00037	1
	2	22656	15293	09626	05561	04527	02880	01288	00467	2
	3	50000	39171	28979	19985	17330	12604	07056	03334	3
	4	77344	68356	58010	46772	42936	35293	24359	14803	4
	5	93750	89758	84137	76620	73663	67058	55505	42328	5
	6	99219	98478	97201	95098	94147	91765	86652	79028	6
8	0	00391	00168	00066	00023	00015	00007	00002	00000	0
	1	03516	01812	00852	00357	00259	00129	00038	00008	1
	2	14453	08846	04981	02532	01966	01129	00423	00123	2
	3	36328	26038	17367	10609	08794	05797	02730	01041	3
	4	63672	52304	40591	29360	25865	19410	11382	05628	4
	5	85547	77987	68461	57219	53178	44823	32146	20308	5
	6	96484	93682	89362	83087	80491	74470	63292	49668	6
	7	99609	99163	98320	96814	96098	94235	89989	83223	7
9	0	00195	00076	00026	00008	00005	00002	00000	00000	0
	1	01953	00908	00380	00140	00097	00043	00011	00002	1
	2	08984	04977	02503	01118	00828	00429	00134	00031	2
	3	25391	16582	09935	05359	04242	02529	00999	00307	3
	4	50000	37858	26657	17172	14485	09881	04893	01958	4
	5	74609	63862	51739	39111	34969	27034	16573	08564	5
	6	91016	85050	76821	66273	62282	53717	39932	26180	6
	7	98047	96148	92946	87891	85693	80400	69966	56379	7
	8	99805	99539	98992	97929	97399	95965	92492	86578	8

Beispiel: $F_{0,7}^6 (3) = 0,25569$

Binomialverteilung kumulativ $F_p^n(k) = \sum_{i=0}^{k} B(n; p; i) = 0,\ \ldots;$ fehlende Werte sind $< 5 \cdot 10^{-6}$ bzw. $\geq 0,999995.$

n	k	$\frac{5}{6}$	0,85	0,90	0,95	0,96	0,97	0,98	0,99	k
3	0	00463	00337	00100	00013	00006	00003	00001	00000	0
	1	07407	06075	02800	00725	00467	00265	00118	00030	1
	2	42130	38587	27100	14263	11526	08733	05881	02970	2
4	0	00077	00051	00010	00001	00000	00000	00000		0
	1	01620	01198	00370	00048	00025	00011	00003	00000	1
	2	13194	10952	05230	01402	00910	00519	00234	00059	2
	3	51775	47799	34390	18549	15065	11471	07763	03940	3
5	0	00013	00008	00001	00000	00000				0
	1	00334	00223	00046	00003	00001	00000	00000	00000	1
	2	03549	02661	00856	00116	00060	00026	00008	00001	2
	3	19624	16479	08146	02259	01476	00847	00384	00098	3
	4	59812	55629	40951	22622	18463	14127	09608	04901	4
6	0	00002	00001	00000						0
	1	00066	00040	00006	00000	00000	00000			1
	2	00870	00589	00127	00009	00004	00001	00000	00000	2
	3	06229	04734	01585	00223	00117	00050	00015	00002	3
	4	26322	22352	11427	03277	02155	01246	00569	00146	4
	5	66510	62285	46856	26491	21724	16703	11416	05852	5
7	0	00000	00000	00000						0
	1	00013	00007	00001	00000					1
	2	00200	00122	00018	00001	00000	00000	00000		2
	3	01763	01210	00273	00019	00008	00003	00001	00000	3
	4	09578	07377	02569	00376	00198	00086	00026	00003	4
	5	33020	28342	14969	04438	02938	01709	00786	00203	5
	6	72092	67942	52170	30166	24855	19202	13187	06793	6
8	0	00000	00000							0
	1	00002	00001	00000						1
	2	00044	00024	00002	00000	00000				2
	3	00461	00285	00043	00002	00001	00000	00000		3
	4	03066	02135	00502	00037	00016	00005	00001	00000	4
	5	13485	10521	03809	00579	00308	00135	00042	00005	5
	6	39532	34282	18690	05724	03815	02234	01034	00269	6
	7	76743	72751	56953	33658	27861	21626	14924	07726	7
9	0									0
	1	00000	00000							1
	2	00009	00005	00000						2
	3	00114	00063	00006	00000	00000				3
	4	00895	00563	00089	00003	00001	00000	00000		4
	5	04802	03393	00833	00064	00027	00009	00002	00000	5
	6	17826	14085	05297	00836	00448	00198	00061	00008	6
	7	45734	40052	22516	07121	04777	02816	01311	00344	7
	8	80619	76838	61258	36975	30747	23977	16625	08648	8

Beispiel: $F_{0,98}^6 (3) = 0,00015$

Binomialverteilung kumulativ

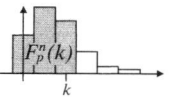

n	k	0,01	0,02	0,03	0,04	0,05	0,10	0,15	$\frac{1}{6}$	k
10	0	90438	81707	73742	66483	59874	34868	19687	16151	0
	1	99573	98382	96549	94185	91386	73610	54430	48452	1
	2	99989	99914	99724	99379	98850	92981	82020	77523	2
	3		99997	99985	99956	99897	98720	95003	93027	3
	4			99999	99998	99994	99837	99013	98454	4
	5						99985	99862	99756	5
	6						99999	99987	99973	6
	7							99999	99998	7
15	0	86006	73857	63325	54209	46329	20589	08735	06491	0
	1	99037	96466	92703	88089	82905	54904	31859	25962	1
	2	99958	99696	99063	97971	96380	81594	60423	53222	2
	3	99999	99982	99915	99755	99453	94444	82266	76848	3
	4		99999	99994	99978	99939	98728	93829	91023	4
	5				99999	99995	99775	98319	97261	5
	6						99969	99639	99340	6
	7						99997	99939	99874	7
	8							99992	99981	8
	9							99999	99998	9
20	0	81791	66761	54379	44200	35849	12158	03876	02608	0
	1	98314	94010	88016	81034	73584	39175	17556	13042	1
	2	99900	99293	97899	95614	92452	67693	40490	32866	2
	3	99996	99940	99733	99259	98410	86705	64773	56655	3
	4		99996	99974	99904	99743	95683	82985	76875	4
	5			99998	99990	99967	98875	93269	89816	5
	6				99999	99997	99761	97806	96286	6
	7						99958	99408	98875	7
	8						99994	99867	99716	8
	9						99999	99975	99940	9
	10							99996	99989	10
	11								99998	11

Beispiel: $F_{0,1}^{15}(2) = 0{,}81594$

33

Binomialverteilung kumulativ $F_p^n(k) = \sum\limits_{i=0}^{k} B(n;p;i) = 0, \ldots;$ fehlende Werte sind $< 5 \cdot 10^{-6}$ bzw. $\geq 0{,}999995$.

n	k \ p	0,20	0,25	0,30	$\frac{1}{3}$	0,35	0,40	0,45	0,50	k
10	0	10737	05631	02825	01734	01346	00605	00253	00098	0
	1	37581	24403	14931	10405	08595	04636	02326	01074	1
	2	67780	52559	38278	29914	26161	16729	09956	05469	2
	3	87913	77588	64961	55926	51383	38228	26604	17188	3
	4	96721	92187	84973	78687	75150	63310	50440	37695	4
	5	99363	98027	95265	92344	90507	83376	73844	62305	5
	6	99914	99649	98941	98034	97398	94524	89801	82813	6
	7	99992	99958	99841	99660	99518	98771	97261	94531	7
	8		99997	99986	99964	99946	99832	99550	98926	8
	9			99999	99998	99997	99990	99966	99902	9
15	0	03518	01336	00475	00228	00156	00047	00013	00003	0
	1	16713	08018	03527	01941	01418	00517	00169	00049	1
	2	39802	23609	12683	07936	06173	02711	01065	00369	2
	3	64816	46129	29687	20924	17270	09050	04242	01758	3
	4	83577	68649	51549	40406	35194	21728	12040	05923	4
	5	93895	85163	72162	61837	56428	40322	26076	15088	5
	6	98194	94338	86886	79696	75484	60981	45216	30362	6
	7	99576	98270	94999	91177	88677	78690	65350	50000	7
	8	99922	99581	98476	96917	95781	90495	81824	69638	8
	9	99989	99921	99635	99150	98756	96617	92307	84912	9
	10	99999	99988	99933	99819	99717	99065	97453	94077	10
	11		99999	99991	99971	99952	99807	99367	98242	11
	12			99999	99997	99994	99972	99889	99631	12
	13						99997	99988	99951	13
	14							99999	99997	14
20	0	01153	00317	00080	00030	00018	00004	00001	00000	0
	1	06918	02431	00764	00331	00213	00052	00011	00002	1
	2	20608	09126	03548	01759	01212	00361	00093	00020	2
	3	41145	22516	10709	06045	04438	01596	00493	00129	3
	4	62965	41484	23751	15151	11820	05095	01886	00591	4
	5	80421	61717	41637	29721	24540	12560	05533	02069	5
	6	91331	78578	60801	47934	41663	25001	12993	05766	6
	7	96786	89819	77227	66147	60103	41589	25201	13159	7
	8	99002	95907	88667	80945	76238	59560	41431	25172	8
	9	99741	98614	95204	90810	87822	75534	59136	41190	9
	10	99944	99606	98286	96236	94683	87248	75071	58810	10
	11	99990	99906	99486	98703	98042	94347	86924	74828	11
	12	99998	99982	99872	99628	99398	97897	94197	86841	12
	13		99997	99974	99912	99848	99353	97859	94234	13
	14			99996	99983	99969	99839	99357	97931	14
	15			99999	99997	99995	99968	99847	99409	15
	16					99999	99995	99972	99871	16
	17						99999	99996	99980	17
	18								99998	18

Beispiel: $F_{0,4}^{15}(9) = 0{,}96617$

34

Binomialverteilung kumulativ

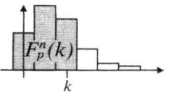

n	k	0,50	0,55	0,60	0,65	$\frac{2}{3}$	0,70	0,75	0,80	k
10	0	00098	00034	00010	00003	00002	00001	00000		0
	1	01074	00450	00168	00054	00036	00014	00003	00000	1
	2	05469	02739	01229	00482	00340	00159	00042	00008	2
	3	17188	10199	05476	02602	01966	01059	00351	00086	3
	4	37695	26156	16624	09493	07656	04735	01973	00637	4
	5	62305	49560	36690	24850	21313	15027	07813	03279	5
	6	82813	73396	61772	48617	44074	35039	22412	12087	6
	7	94531	90044	83271	73839	70086	61722	47441	32220	7
	8	98926	97674	95364	91405	89595	85069	75597	62419	8
	9	99902	99747	99395	98654	98266	97175	94369	89263	9
15	0	00003	00001	00000						0
	1	00049	00012	00003	00000	00000	00000			1
	2	00369	00111	00028	00006	00003	00001	00000		2
	3	01758	00633	00193	00048	00029	00009	00001	00000	3
	4	05923	02547	00935	00283	00181	00067	00012	00001	4
	5	15088	07693	03383	01244	00850	00365	00079	00011	5
	6	30362	18176	09505	04219	03083	01524	00419	00078	6
	7	50000	34650	21310	11323	08823	05001	01730	00424	7
	8	69638	54784	39019	24516	20304	13114	05662	01806	8
	9	84912	73924	59678	43572	38163	27838	14837	06105	9
	10	94077	87960	78272	64806	59594	48451	31351	16423	10
	11	98242	95758	90950	82730	79076	70313	53871	35184	11
	12	99631	98935	97289	93827	92064	87317	76391	60198	12
	13	99951	99831	99483	98582	98059	96473	91982	83287	13
	14	99997	99987	99953	99844	99772	99525	98664	96482	14
20	0	00000								0
	1	00002	00000	00000						1
	2	00020	00004	00001	00000					2
	3	00129	00028	00005	00001	00000	00000			3
	4	00591	00153	00032	00005	00003	00001			4
	5	02069	00643	00161	00031	00017	00004	00000		5
	6	05766	02141	00647	00152	00088	00026	00003	00000	6
	7	13159	05803	02103	00602	00372	00128	00018	00002	7
	8	25172	13076	05653	01958	01297	00514	00094	00010	8
	9	41190	24929	12752	05317	03764	01714	00394	00056	9
	10	58810	40864	24466	12178	09190	04796	01386	00259	10
	11	74828	58569	40440	23762	19055	11333	04093	00998	11
	12	86841	74799	58411	39897	33853	22773	10181	03214	12
	13	94234	87007	74999	58337	52066	39199	21422	08669	13
	14	97931	94467	87440	75460	70279	58363	38283	19579	14
	15	99409	98114	94905	88180	84849	76249	58516	37035	15
	16	99871	99507	98404	95562	93955	89291	77484	58855	16
	17	99980	99907	99639	98788	98241	96452	90874	79392	17
	18	99998	99989	99948	99787	99669	99236	97569	93082	18
	19		99999	99996	99982	99970	99920	99683	98847	19

Beispiel: $\quad F_{0,6}^{15}(9) = 0{,}59678$

35

Binomialverteilung kumulativ $F_p^n(k) = \sum_{i=0}^{k} B(n;p;i) = 0, \dots;$ fehlende Werte sind $< 5 \cdot 10^{-6}$ bzw. $\geq 0{,}999995$.

n	k	$\frac{5}{6}$	0,85	0,90	0,95	0,96	0,97	0,98	0,99	k
10	0									0
	1	00000	00000							1
	2	00002	00001	00000						2
	3	00027	00013	00001						3
	4	00244	00138	00015	00000	00000	00000			4
	5	01546	00987	00163	00006	00002	00001	00000		5
	6	06973	04997	01280	00103	00044	00015	00003	00000	6
	7	22477	17980	07019	01150	00621	00276	00086	00011	7
	8	51548	45570	26390	08614	05815	03451	01618	00427	8
	9	83849	80313	65132	40126	33517	26258	18293	09562	9
15	0									0
	1									1
	2									2
	3									3
	4	00000	00000							4
	5	00002	00001							5
	6	00019	00008	00000						6
	7	00126	00061	00003						7
	8	00660	00361	00031	00000	00000				8
	9	02739	01681	00225	00005	00001	00000	00000		9
	10	08977	06171	01272	00061	00022	00006	00001	00000	10
	11	23152	17734	05556	00547	00245	00085	00018	00001	11
	12	46778	39577	18406	03620	02029	00937	00304	00042	12
	13	74038	68141	45096	17095	11911	07297	03534	00963	13
	14	93509	91265	79411	53671	45791	36675	26143	13994	14
20	0									0
	1									1
	2									2
	3									3
	4									4
	5									5
	6									6
	7	00000								7
	8	00002	00000							8
	9	00011	00004	00000						9
	10	00060	00025	00001						10
	11	00284	00133	00006						11
	12	01125	00592	00042	00000	00000				12
	13	03714	02194	00239	00003	00001	00000			13
	14	10184	06731	01125	00033	00010	00002	00000		14
	15	23125	17015	04317	00257	00096	00026	00004	00000	15
	16	43345	35227	13295	01590	00741	00267	00060	00004	16
	17	67134	59510	32307	07548	04386	02101	00707	00100	17
	18	86958	82444	60825	26416	18966	11984	05990	01686	18
	19	97392	96124	87842	64151	55800	45621	33239	18209	19

Beispiel: $F_{0,9}^{15}(9) = 0{,}00225$

Binomialverteilung kumulativ

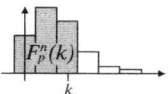

n	k	0,01	0,02	0,03	0,04	0,05	0,10	0,15	$\frac{1}{6}$	k
25	0	77782	60346	46697	36040	27739	07179	01720	01048	0
	1	97424	91135	82804	73581	64238	27121	09307	06290	1
	2	99805	98676	96204	92352	87289	53709	25374	18869	2
	3	99989	99855	99381	98348	96591	76359	47112	38157	3
	4		99988	99922	99722	99284	90201	68211	59373	4
	5		99999	99992	99962	99879	96660	83848	77196	5
	6			99999	99996	99983	99052	93047	89077	6
	7					99998	99774	97453	95527	7
	8						99954	99203	98429	8
	9						99992	99786	99526	9
	10						99999	99951	99877	10
	11							99990	99972	11
	12							99998	99995	12
	13								99999	13

n	k	0,20	0,25	0,30	$\frac{1}{3}$	0,35	0,40	0,45	0,50	k
25	0	00378	00075	00013	00004	00002	00000	00000		0
	1	02739	00702	00157	00053	00030	00005	00001	00000	1
	2	09823	03211	00896	00350	00213	00043	00007	00001	2
	3	23399	09621	03324	01489	00968	00237	00048	00008	3
	4	42067	21374	09047	04620	03205	00947	00231	00046	4
	5	61669	37828	19349	11195	08262	02936	00860	00204	5
	6	78004	56110	34065	22154	17340	07357	02575	00732	6
	7	89088	72651	51185	37026	30608	15355	06385	02164	7
	8	95323	85056	67693	53758	46682	27353	13398	05388	8
	9	98267	92867	81056	69560	63031	42462	24237	11476	9
	10	99445	97033	90220	82201	77116	58577	38426	21218	10
	11	99846	98927	95575	90821	87458	73228	54257	34502	11
	12	99963	99663	98253	95849	93956	84623	69368	50000	12
	13	99992	99908	99401	98363	97454	92220	81731	65498	13
	14	99999	99979	99822	99440	99069	96561	90402	78782	14
	15		99996	99955	99835	99706	98683	95604	88524	15
	16		99999	99990	99958	99921	99567	98264	94612	16
	17			99998	99991	99982	99879	99417	97836	17
	18				99998	99997	99972	99836	99268	18
	19					99999	99995	99962	99796	19
	20						99999	99993	99954	20
	21							99999	99992	21
	22								99999	22

Beispiel: $F_{0,1}^{25}(9) = 0,99992$

Binomialverteilung kumulativ $\quad F_p^n(k) = \sum_{i=0}^{k} B(n; p; i) = 0, \ldots;\quad$ fehlende Werte sind $< 5 \cdot 10^{-6}$ bzw. $\geq 0{,}999995$.

n	k	0,50	0,55	0,60	0,65	$\frac{2}{3}$	0,70	0,75	0,80	k
25	2	00001	00000							2
	3	00008	00001	00000						3
	4	00046	00007	00001	00000					4
	5	00204	00038	00005	00001	00000				5
	6	00732	00164	00028	00003	00002	00000			6
	7	02164	00583	00121	00018	00009	00002	00000		7
	8	05388	01736	00433	00079	00042	00010	00001		8
	9	11476	04396	01317	00294	00165	00045	00004	00000	9
	10	21218	09598	03439	00931	00560	00178	00021	00001	10
	11	34502	18269	07780	02546	01637	00599	00092	00008	11
	12	50000	30632	15377	06044	04151	01747	00337	00037	12
	13	65498	45743	26772	12542	09179	04425	01073	00154	13
	14	78782	61574	41422	22884	17799	09780	02967	00555	14
	15	88524	75763	57538	36969	30440	18944	07133	01733	15
	16	94612	86602	72647	53318	46242	32307	14944	04677	16
	17	97836	93615	84645	69392	62974	48815	27349	10912	17
	18	99268	97425	92643	82660	77846	65935	43890	21996	18
	19	99796	99140	97064	91738	88805	80651	62172	38331	19
	20	99954	99769	99053	96795	95380	90953	78626	57933	20
	21	99992	99952	99763	99032	98511	96676	90379	76601	21
	22	99999	99993	99957	99787	99650	99104	96789	90177	22
	23		99999	99995	99970	99947	99843	99298	97261	23
	24				99998	99996	99987	99925	99622	24

n	k	$\frac{5}{6}$	0,85	0,90	0,95	0,96	0,97	0,98	0,99	k
25	11	00001	00000							11
	12	00005	00002							12
	13	00028	00010	00000						13
	14	00123	00049	00001						14
	15	00474	00214	00008						15
	16	01571	00797	00046	00000					16
	17	04473	02547	00226	00002	00000	00000			17
	18	10923	06953	00948	00017	00004	00001	00000		18
	19	22804	16152	03340	00121	00038	00008	00001		19
	20	40627	31789	09799	00716	00278	00078	00012	00000	20
	21	61843	52888	23641	03409	01652	00619	00145	00011	21
	22	81131	74626	46291	12711	07648	03796	01324	00195	22
	23	93710	90693	72879	35762	26419	17196	08865	02576	23
	24	98952	98280	92821	72261	63960	53303	39654	22218	24

Beispiel: $\quad F_{0,6}^{25}(9) = 0{,}01317$

38

Binomialverteilung kumulativ

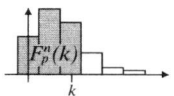

n	k	0,01	0,02	0,03	0,04	0,05	0,10	0,15	$\frac{1}{6}$	k
30	0	73970	54548	40101	29386	21464	04239	00763	00421	0
	1	96385	87945	77308	66118	55354	18370	04803	02949	1
	2	99668	97828	93993	88310	81218	41135	15140	10279	2
	3	99978	99711	98810	96941	93923	64744	32166	23962	3
	4	99999	99970	99815	99368	98436	82451	52447	42434	4
	5		99997	99977	99894	99672	92681	71058	61645	5
	6			99998	99985	99943	97417	84742	77654	6
	7				99998	99992	99222	93022	88631	7
	8					99999	99798	97222	94943	8
	9						99955	99034	98029	9
	10						99991	99706	99325	10
	11						99998	99921	99797	11
	12							99981	99946	12
	13							99996	99987	13
	14							99999	99997	14
40	0	66897	44570	29571	19537	12851	01478	00150	00068	0
	1	93926	80954	66154	52098	39906	08047	01211	00612	1
	2	99250	95433	88217	78553	67674	22281	04860	02735	2
	3	99931	99176	96860	92516	86185	42313	13017	08113	3
	4	99995	99882	99333	97898	95197	62902	26332	18062	4
	5		99986	99884	99512	98612	79373	43250	32388	5
	6		99999	99983	99905	99661	90048	60666	49102	6
	7			99998	99984	99929	95810	75593	65338	7
	8				99998	99987	98450	86460	78733	8
	9					99998	99494	93278	88258	9
	10						99853	97008	94164	10
	11						99962	98803	97385	11
	12						99991	99569	98942	12
	13						99998	99860	99613	13
	14							99959	99872	14
	15							99989	99961	15
	16							99997	99989	16
	17							99999	99997	17
	18								99999	18

Beispiel: $F_{0,1}^{40}(9) = 0,99494$

Binomialverteilung kumulativ $F_p^n(k) = \sum_{i=0}^{k} \mathrm{B}(n;p;i) = 0, \ldots;$ fehlende Werte sind $< 5 \cdot 10^{-6}$ bzw. $\geq 0{,}999995$.

n	k	0,20	0,25	0,30	$\frac{1}{3}$	0,35	0,40	0,45	0,50	k
30	0	00124	00018	00002	00001	00000				0
	1	01052	00196	00031	00008	00004	00000	00000		1
	2	04418	01060	00211	00065	00035	00005	00001		2
	3	12271	03745	00932	00330	00190	00031	00004	00000	3
	4	25523	09787	03015	01223	00752	00151	00024	00003	4
	5	42751	20260	07659	03545	02326	00566	00109	00016	5
	6	60697	34805	15952	08384	05857	01718	00398	00072	6
	7	76079	51429	28138	16678	12377	04352	01210	00261	7
	8	87135	67360	43152	28602	22470	09401	03121	00806	8
	9	93891	80341	58881	43174	35754	17629	06941	02139	9
	10	97438	89427	73037	58467	50776	29147	13504	04937	10
	11	99051	94934	84068	72386	65482	43109	23269	10024	11
	12	99689	97841	91553	83399	78021	57847	35918	18080	12
	13	99910	99182	95995	91023	87369	71450	50248	29233	13
	14	99977	99725	98306	95652	93481	82463	64484	42777	14
	15	99995	99918	99363	98120	96692	90294	76909	57223	15
	16	99999	99978	99788	99278	98764	95189	86440	70767	16
	17		99995	99937	99754	99550	97876	92861	81920	17
	18		99999	99984	99926	99855	99170	96656	89976	18
	19			99996	99981	99959	99715	98616	95063	19
	20			99999	99996	99990	99914	99499	97861	20
	21				99999	99998	99978	99843	99194	21
	22						99995	99958	99739	22
	23						99999	99990	99928	23
	24							99998	99984	24
	25								99997	25
40	0	00013	00001	00000						0
	1	00146	00014	00001	00000	00000				1
	2	00794	00102	00010	00002	00001				2
	3	02846	00470	00060	00013	00006	00000			3
	4	07591	01604	00256	00065	00031	00003	00000		4
	5	16133	04327	00862	00251	00129	00014	00001		5
	6	28589	09622	02376	00793	00436	00059	00006	00000	6
	7	43715	18195	05528	02110	01240	00205	00025	00002	7
	8	59313	29983	11101	04827	03025	00606	00088	00009	8
	9	73178	43954	19593	09657	06444	01557	00273	00034	9
	10	83923	58390	30874	17144	12149	03522	00742	00111	10
	11	91249	71514	44061	27352	20528	07095	01789	00321	11
	12	95676	82087	57718	39688	31431	12851	03859	00829	12
	13	98059	89677	70325	52972	44077	21116	07506	01924	13
	14	99208	94556	80745	65782	57208	31743	13260	04035	14
	15	99706	97376	88485	76884	69464	44022	21421	07693	15
	16	99901	98844	93669	85557	79776	56813	31855	13409	16
	17	99970	99535	96805	91680	87615	68852	43906	21480	17
	18	99991	99829	98522	95591	93008	79107	56505	31791	18
	19	99998	99943	99375	97856	96371	87023	68441	43731	19
	20	99999	99983	99758	99045	98272	92565	78696	56269	20
	21		99995	99915	99611	99247	96083	86686	68209	21
	22		99999	99973	99855	99700	98109	92332	78520	22
	23			99992	99951	99891	99166	95947	86591	23
	24			99998	99985	99964	99665	98042	92307	24
	25			99999	99996	99989	99878	99139	95965	25
	26				99999	99997	99960	99657	98076	26
	27					99999	99988	99877	99171	27
	28						99997	99960	99679	28
	29						99999	99989	99889	29
	30							99997	99966	30
	31							99999	99991	31
	32								99998	32

Beispiel: $F_{0,4}^{40}(19) = 0{,}87023$

Binomialverteilung kumulativ

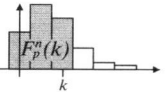

n	k	0,50	0,55	0,60	0,65	$\frac{2}{3}$	0,70	0,75	0,80	k
30	4	00003	00000							4
	5	00016	00002	00000						5
	6	00072	00010	00001						6
	7	00261	00042	00005	00000	00000				7
	8	00806	00157	00022	00002	00001	00000			8
	9	02139	00501	00086	00010	00004	00001			9
	10	04937	01384	00285	00041	00019	00004	00000		10
	11	10024	03344	00830	00145	00074	00016	00001		11
	12	18080	07139	02124	00450	00246	00063	00005	00000	12
	13	29233	13560	04811	01236	00722	00212	00022	00001	13
	14	42777	23091	09706	03008	01879	00637	00082	00005	14
	15	57223	35516	17537	06519	04348	01694	00275	00023	15
	16	70767	49752	28550	12631	08977	04005	00818	00090	16
	17	81920	64082	42153	21979	16601	08447	02159	00311	17
	18	89976	76731	56891	34518	27614	15932	05066	00949	18
	19	95063	86496	70853	49224	41524	26963	10573	02562	19
	20	97861	93059	82371	64246	56826	41119	19659	06109	20
	21	99194	96879	90599	77530	71398	56848	32640	12865	21
	22	99739	98790	95648	87623	83322	71862	48571	23921	22
	23	99928	99602	98282	94143	91616	84048	65195	39303	23
	24	99984	99891	99434	97674	96455	92341	79740	57249	24
	25	99997	99976	99849	99248	98777	96985	90213	74477	25
	26		99996	99969	99810	99670	99068	96255	87729	26
	27		99999	99995	99965	99935	99789	98940	95582	27
	28				99996	99992	99969	99804	98948	28
	29					99999	99998	99982	99876	29
40	7	00002	00000							7
	8	00009	00001							8
	9	00034	00003	00000						9
	10	00111	00011	00001						10
	11	00321	00040	00003	00000					11
	12	00829	00123	00012	00001	00000				12
	13	01924	00343	00040	00003	00001	00000			13
	14	04035	00861	00122	00011	00004	00001			14
	15	07693	01958	00335	00036	00015	00002			15
	16	13409	04053	00834	00109	00049	00008	00000		16
	17	21480	07668	01891	00300	00145	00027	00001		17
	18	31791	13314	03917	00753	00389	00085	00005	00000	18
	19	43731	21304	07435	01728	00955	00242	00017	00001	19
	20	56269	31559	12977	03629	02144	00625	00057	00002	20
	21	68209	43495	20893	06992	04409	01478	00171	00009	21
	22	78520	56094	31148	12385	08320	03195	00465	00030	22
	23	86591	68145	43187	20224	14443	06331	01156	00099	23
	24	92307	78579	55978	30536	23116	11515	02624	00294	24
	25	95965	86740	68257	42792	34218	19255	05444	00792	25
	26	98076	92494	78884	55923	47028	29675	10323	01941	26
	27	99171	96141	87149	68569	60312	42282	17913	04324	27
	28	99679	98211	92905	79472	72648	55939	28486	08751	28
	29	99889	99258	96478	87851	82856	69126	41610	16077	29
	30	99966	99727	98443	93556	90343	80407	56046	26822	30
	31	99991	99912	99394	96975	95173	88899	70017	40687	31
	32	99998	99975	99795	98760	97890	94472	81805	56285	32
	33		99994	99941	99564	99207	97624	90378	71411	33
	34		99999	99986	99871	99749	99138	95673	83867	34
	35			99997	99969	99935	99744	98396	92409	35
	36				99994	99987	99940	99530	97154	36
	37				99999	99998	99990	99898	99206	37
	38						99999	99986	99854	38
	39							99999	99987	39

Binomialverteilung kumulativ $F_p^n(k) = \sum_{i=0}^{k} B(n; p; i) = 0, \ldots;$ fehlende Werte sind $< 5 \cdot 10^{-6}$ bzw. $\geqq 0{,}999995$.

n	k	$\frac{5}{6}$	0,85	0,90	0,95	0,96	0,97	0,98	0,99	k
30	15	00003	00001							15
	16	00013	00004							16
	17	00054	00019	00000						17
	18	00203	00079	00002						18
	19	00675	00294	00009						19
	20	01971	00966	00045	00000					20
	21	05057	02778	00202	00001	00000				21
	22	11369	06978	00778	00008	00002	00000			22
	23	22346	15258	02583	00057	00015	00002	00000		23
	24	38355	28942	07319	00328	00106	00023	00003	00000	24
	25	57566	47553	17550	01564	00632	00185	00030	00001	25
	26	76038	67834	35256	06077	03059	01190	00289	00022	26
	27	89721	84860	58865	18782	11690	06007	02172	00332	27
	28	97051	95197	81631	44646	33882	22692	12055	03615	28
	29	99579	99237	95761	78536	70614	59899	45452	26030	29
40	21	00001	00000							21
	22	00003	00001							22
	23	00011	00003							23
	24	00039	00011							24
	25	00128	00041	00000						25
	26	00387	00140	00002						26
	27	01058	00431	00009						27
	28	02615	01197	00038						28
	29	05836	02992	00147	00000					29
	30	11742	06722	00506	00002	00000				30
	31	21267	13540	01550	00013	00002	00000			31
	32	34662	24407	04190	00071	00016	00002	00000		32
	33	50898	39334	09952	00339	00095	00017	00001		33
	34	67612	56750	20627	01388	00488	00116	00014	00000	34
	35	81938	73668	37098	04803	02102	00667	00118	00005	35
	36	91887	86983	57687	13815	07484	03140	00824	00069	36
	37	97265	95140	77719	32326	21447	11783	04567	00750	37
	38	99388	98789	91953	60094	47902	33846	19046	06074	38
	39	99932	99850	98522	87149	80463	70429	55430	33103	39

Beispiel: $F_{0,9}^{40}(29) = 0{,}00147$

Binomialverteilung kumulativ

n	k \\ p	0,01	0,02	0,03	0,04	0,05	0,10	0,15	$\frac{1}{6}$	p \\ k
50	0	60501	36417	21807	12989	07694	00515	00030	00011	0
	1	91056	73577	55528	40048	27943	03379	00291	00121	1
	2	98618	92157	81080	67671	54053	11173	01419	00659	2
	3	99840	98224	93724	86087	76041	25029	04605	02382	3
	4	99985	99679	98319	95103	89638	43120	11211	06431	4
	5	99999	99952	99626	98559	96222	61612	21935	13882	5
	6		99994	99930	99639	98821	77023	36130	25057	6
	7		99999	99989	99922	99681	87785	51875	39106	7
	8			99998	99985	99924	94213	66810	54209	8
	9				99998	99984	97546	79109	68304	9
	10					99997	99065	88008	79863	10
	11						99678	93719	88269	11
	12						99900	96994	93733	12
	13						99971	98683	96928	13
	14						99993	99471	98616	14
	15						99998	99805	99427	15
	16							99934	99781	16
	17							99979	99923	17
	18							99994	99975	18
	19							99998	99992	19
	20								99998	20
	21								99999	21

n	k \\ p	0,20	0,25	0,30	$\frac{1}{3}$	0,35	0,40	0,45	0,50	p \\ k
50	0	00001	00000							0
	1	00019	00001							1
	2	00129	00009	00000						2
	3	00566	00050	00003	00000	00000				3
	4	01850	00211	00017	00003	00001				4
	5	04803	00705	00072	00013	00005	00000			5
	6	10340	01939	00249	00052	00022	00001			6
	7	19041	04526	00726	00174	00080	00006	00000		7
	8	30733	09160	01825	00503	00248	00023	00001		8
	9	44374	16368	04023	01271	00670	00076	00006	00000	9
	10	58356	26220	07885	02844	01601	00220	00020	00001	10
	11	71067	38162	13904	05705	03423	00569	00063	00005	11
	12	81394	51099	22287	10353	06613	01325	00177	00015	12
	13	88941	63704	32788	17147	11633	02799	00449	00047	13
	14	93928	74808	44683	26124	18778	05396	01038	00130	14
	15	96920	83692	56918	36897	28010	09550	02195	00330	15
	16	98556	90169	68388	48679	38886	15609	04265	00767	16
	17	99374	94488	78219	60462	50597	23688	07653	01642	17
	18	99749	97127	85944	71263	62159	33561	12735	03245	18
	19	99907	98608	91520	80359	72644	44648	19737	05946	19
	20	99968	99374	95224	87408	81395	56103	28617	10132	20
	21	99990	99738	97491	92443	88126	67014	38996	16112	21
	22	99997	99898	98772	95761	92904	76602	50191	23994	22
	23	99999	99963	99441	97781	96036	84383	61341	33591	23
	24		99988	99763	98917	97933	90219	71604	44386	24
	25		99996	99907	99508	98996	94266	80337	55614	25
	26		99999	99966	99792	99546	96859	87207	66409	26
	27			99988	99918	99809	98397	92204	76006	27
	28			99996	99970	99925	99238	95562	83888	28
	29			99999	99990	99973	99664	97646	89868	29
	30				99997	99991	99863	98840	94054	30
	31				99999	99997	99948	99470	96755	31
	32					99999	99982	99776	98358	32
	33						99994	99913	99233	33
	34						99998	99969	99670	34
	35							99990	99870	35
	36							99997	99953	36
	37							99999	99985	37
	38								99995	38
	39								99999	39

Beispiel: $F_{0,45}^{50}(33) = 0,99913$

43

Binomialverteilung kumulativ $F_p^n(k) = \sum_{i=0}^{k} B(n; p; i) = 0, \ldots;$ fehlende Werte sind $< 5 \cdot 10^{-6}$ bzw. $\geq 0{,}999995$.

n	k	0,50	0,55	0,60	0,65	$\frac{2}{3}$	0,70	0,75	0,80	k
50	10	00001								10
	11	00005	00000							11
	12	00015	00001							12
	13	00047	00003							13
	14	00130	00010	00000						14
	15	00330	00031	00002						15
	16	00767	00087	00006	00000					16
	17	01642	00224	00018	00001					17
	18	03245	00530	00052	00003	00001				18
	19	05946	01160	00137	00009	00003	00000			19
	20	10132	02354	00336	00027	00010	00001			20
	21	16112	04438	00762	00075	00030	00004			21
	22	23994	07796	01603	00191	00082	00012	00000		22
	23	33591	12793	03141	00454	00208	00034	00001		23
	24	44386	19663	05734	01004	00492	00093	00004		24
	25	55614	28396	09781	02067	01083	00237	00012	00000	25
	26	66409	38659	15617	03964	02219	00559	00037	00001	26
	27	76006	49809	23398	07096	04239	01228	00102	00003	27
	28	83888	61004	32986	11874	07557	02509	00262	00010	28
	29	89868	71383	43896	18605 ·	12592	04776	00626	00032	29
	30	94054	80263	55352	27356	19641	08480	01392	00093	30
	31	96755	87265	66439	37841	28737	14056	02873	00251	31
	32	98358	92347	76312	49403	39538	21781	05512	00626	32
	33	99233	95735	84391	61114	51321	31612	09831	01444	33
	34	99670	97805	90450	71990	63103	43082	16308	03080	34
	35	99870	98962	94604	81222	73876	55317	25192	06072	35
	36	99953	99551	97201	88367	82853	67212	36296	11059	36
	37	99985	99823	98675	93387	89647	77713	48901	18606	37
	38	99995	99937	99431	96577	94295	86096	61838	28933	38
	39	99999	99980	99780	98399	97156	92115	73780	41644	39
	40		99994	99924	99330	98729	95977	83632	55626	40
	41		99999	99977	99752	99497	98175	90840	69267	41
	42			99994	99920	99826	99274	95474	80959	42
	43			99999	99978	99948	99751	98061	89660	43
	44				99995	99987	99928	99295	95197	44
	45				99999	99997	99983	99789	98150	45
	46						99997	99950	99434	46
	47							99991	99871	47
	48							99999	99981	48
	49								99999	49

n	k	$\frac{5}{6}$	0,85	0,90	0,95	0,96	0,97	0,98	0,99	k
50	28	00001								28
	29	00002	00000							29
	30	00008	00002							30
	31	00025	00006							31
	32	00077	00021							32
	33	00219	00066	00000						33
	34	00573	00195	00002						34
	35	01384	00529	00007						35
	36	03072	01317	00029						36
	37	06267	03006	00100						37
	38	11731	06281	00322	00000					38
	39	20137	11992	00935	00003	00000				39
	40	31696	20891	02454	00016	00002	00000			40
	41	45791	33190	05787	00076	00015	00002	00000		41
	42	60894	48125	12215	00319	00078	00011	00001		42
	43	74943	63870	22977	01179	00361	00070	00006	00000	43
	44	86118	78065	38388	03778	01441	00374	00048	00001	44
	45	93569	88789	56880	10362	04897	01681	00321	00015	45
	46	97618	95395	74971	23959	13913	06276	01776	00160	46
	47	99341	98581	88827	45947	32329	18920	07843	01382	47
	48	99879	99709	96621	72057	59952	44472	26423	08944	48
	49	99989	99970	99485	92306	87011	78193	63583	39499	49

Binomialverteilung kumulativ

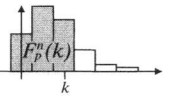

n	k	0,01	0,02	0,03	0,04	0,05	0,10	0,15	$\frac{1}{6}$	k
100	0	36603	13262	04755	01687	00592	00003			0
	1	73576	40327	19462	08716	03708	00032	00000		1
	2	92063	67669	41978	23214	11826	00194	00002	00000	2
	3	98163	85896	64725	42948	25784	00784	00009	00002	3
	4	99657	94917	81785	62886	43598	02371	00043	00009	4
	5	99947	98452	91916	78837	61600	05758	00155	00038	5
	6	99993	99594	96877	89361	76601	11716	00470	00131	6
	7	99999	99907	98938	95249	87204	20605	01217	00378	7
	8		99981	99678	98101	93691	32087	02748	00953	8
	9		99997	99913	99316	97181	45129	05509	02129	9
	10		99999	99979	99776	98853	58316	09945	04270	10
	11			99995	99933	99573	70303	16349	07772	11
	12			99999	99982	99854	80182	24730	12967	12
	13				99995	99954	87612	34743	20001	13
	14				99999	99986	92743	45722	28742	14
	15					99996	96011	56832	38766	15
	16					99999	97940	67246	49416	16
	17						98999	76328	59941	17
	18						99542	83717	69647	18
	19						99802	89346	78025	19
	20						99919	93368	84811	20
	21						99969	96072	89982	21
	22						99989	97786	93695	22
	23						99996	98811	96214	23
	24						99999	99392	97830	24
	25							99703	98812	25
	26							99862	99379	26
	27							99939	99690	27
	28							99974	99852	28
	29							99989	99932	29
	30							99996	99970	30
	31							99998	99988	31
	32							99999	99995	32
	33								99998	33
	34								99999	34

Beispiel: $F_{0,1}^{100}(3) = 0{,}00784$

n	k	0,20	0,25	0,30	$\frac{1}{3}$	0,35	0,40	0,45	0,50	k
100	4	00000								4
	5	00002								5
	6	00008								6
	7	00028	00000							7
	8	00086	00001							8
	9	00233	00004							9
	10	00570	00014	00000						10
	11	01257	00039	00001						11
	12	02533	00103	00002						12
	13	04691	00246	00006	00000					13
	14	08044	00542	00016	00001	00000				14
	15	12851	01108	00040	00003	00001				15
	16	19234	02111	00097	00008	00002				16
	17	27119	03763	00216	00020	00005				17
	18	36209	06301	00452	00049	00014	00000			18
	19	46016	09953	00889	00111	00034	00001			19

Fortsetzung auf Seite 46

Binomialverteilung kumulativ $F_p^n(k) = \sum_{i=0}^{k} B(n; p; i) = 0, \dots;$ fehlende Werte sind $< 5 \cdot 10^{-6}$ bzw. $\geqq 0{,}999995.$

Fortsetzung von Seite 45 unten

n	k	0,20	0,25	0,30	$\frac{1}{3}$	0,35	0,40	0,45	0,50	k
100	20	55946	14883	01646	00237	00078	00002			20
	21	65403	21144	02883	00476	00169	00004			21
	22	73893	28637	04787	00906	00343	00011			22
	23	81091	37108	07553	01636	00662	00025	00000		23
	24	86865	46167	11357	02805	01213	00056	00001		24
	25	91252	55347	16313	04583	02114	00119	00003		25
	26	94417	64174	22440	07147	03514	00240	00007		26
	27	96585	72238	29637	10661	05581	00460	00016	00000	27
	28	97998	79246	37678	15241	08482	00843	00036	00001	28
	29	98875	85046	46234	20927	12360	01478	00076	00002	29
	30	99394	89621	54912	27655	17302	02478	00154	00004	30
	31	99687	93065	63311	35252	23311	03985	00297	00009	31
	32	99845	95540	71072	43442	30288	06150	00550	00020	32
	33	99926	97241	77926	51880	38029	09125	00976	00044	33
	34	99966	98357	83714	60195	46243	13034	01663	00089	34
	35	99985	99059	88392	68034	54584	17947	02724	00176	35
	36	99994	99482	92012	75111	62692	23861	04290	00332	36
	37	99998	99725	94695	81231	70245	30681	06507	00602	37
	38	99999	99860	96602	86305	76987	38219	09514	01049	38
	39		99931	97901	90338	82758	46208	13425	01760	39
	40		99968	98750	93413	87498	54329	18306	02844	40
	41		99985	99283	95663	91232	62253	24149	04431	41
	42		99994	99603	97243	94057	69674	30865	06661	42
	43		99997	99789	98309	96109	76347	38277	09667	43
	44		99999	99891	98999	97540	82110	46133	13563	44
	45			99946	99429	98499	86891	54132	18410	45
	46			99974	99686	99116	90702	61956	24206	46
	47			99988	99833	99498	93621	69312	30865	47
	48			99995	99915	99725	95770	75957	38218	48
	49			99998	99958	99855	97290	81727	46021	49
	50			99999	99980	99926	98324	86542	53979	50
	51				99991	99964	98999	90405	61782	51
	52				99996	99983	99424	93383	69135	52
	53				99998	99992	99680	95589	75794	53
	54				99999	99997	99829	97161	81590	54
	55					99999	99912	98236	86437	55
	56					99999	99956	98943	90333	56
	57						99979	99389	93339	57
	58						99990	99660	95569	58
	59						99996	99818	97156	59
	60						99998	99906	98240	60
	61						99999	99953	98951	61
	62							99978	99398	62
	63							99990	99668	63
	64							99996	99824	64
	65							99998	99911	65
	66							99999	99956	66
	67								99980	67
	68								99991	68
	69								99996	69
	70								99998	70
	71								99999	71

Beispiel: $F_{0,3}^{100}(30) = 0{,}54912$

Binomialverteilung kumulativ

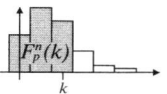

n	k	0,50	0,55	0,60	0,65	$\frac{2}{3}$	0,70	0,75	0,80	k
100	28	00001								28
	29	00002								29
	30	00004								30
	31	00009								31
	32	00020	00000							32
	33	00044	00001							33
	34	00089	00002							34
	35	00176	00004							35
	36	00332	00010							36
	37	00602	00022	00000						37
	38	01049	00047	00001						38
	39	01760	00094	00002						39
	40	02844	00182	00004						40
	41	04431	00340	00010						41
	42	06661	00611	00021	00000					42
	43	09667	01057	00044	00001					43
	44	13563	01764	00088	00001	00000				44
	45	18410	02839	00171	00003	00001				45
	46	24206	04411	00320	00008	00002				46
	47	30865	06617	00576	00017	00004				47
	48	38218	09595	01001	00036	00009	00000			48
	49	46021	13458	01676	00074	00020	00001			49
	50	53979	18273	02710	00145	00042	00002			50
	51	61782	24043	04230	00275	00085	00005			51
	52	69135	30688	06379	00502	00167	00012			52
	53	75794	38044	09298	00884	00314	00026			53
	54	81590	45868	13109	01501	00571	00054	00000		54
	55	86437	53867	17890	02460	01001	00109	00001		55
	56	90333	61723	23653	03891	01691	00211	00003		56
	57	93339	69135	30326	05943	02757	00397	00006		57
	58	95569	75851	37747	08768	04337	00717	00015		58
	59	97156	81694	45671	12502	06587	01250	00032		59
	60	98240	86575	53792	17241	09662	02099	00069	00000	60
	61	98951	90486	61781	23013	13695	03398	00140	00001	61
	62	99398	93493	69319	29755	18769	05305	00275	00002	62
	63	99668	95710	76139	37308	24889	07988	00518	00006	63
	64	99824	97276	82053	45416	31966	11608	00941	00015	64
	65	99911	98337	86966	53757	39805	16286	01643	00034	65
	66	99956	99024	90875	61971	48120	22074	02759	00074	66
	67	99980	99450	93850	69712	56558	28928	04460	00155	67
	68	99991	99703	96015	76689	64748	36689	06935	00313	68
	69	99996	99846	97522	82698	72345	45088	10379	00606	69
	70	99998	99924	98522	87640	79073	53766	14954	01125	70
	71	99999	99964	99157	91518	84759	62322	20754	02002	71
	72		99984	99540	94419	89339	70363	27762	03415	72
	73		99993	99760	96486	92853	77560	35826	05583	73
	74		99997	99881	97886	95417	83687	44653	08748	74
	75		99999	99944	98787	97195	88643	53833	13135	75
	76			99975	99338	98364	92447	62892	18909	76
	77			99989	99657	99094	95213	71363	26107	77
	78			99996	99831	99524	97117	78856	34597	78
	79			99998	99922	99763	98354	85117	44054	79
	80			99999	99966	99889	99111	90047	53984	80
	81				99986	99951	99548	93699	63791	81
	82				99995	99980	99784	96237	72881	82
	83				99998	99992	99903	97889	80766	83
	84				99999	99997	99960	98892	87149	84
	85					99999	99984	99458	91956	85
	86						99994	99754	95309	86
	87						99998	99897	97467	87
	88						99999	99961	98743	88
	89							99986	99430	89
	90							99996	99767	90
	91							99999	99914	91
	92							99994	99972	92
	93							99998	99992	93
	94							99999	99998	94

Binomialverteilung kumulativ

$$F_p^n(k) = \sum_{i=0}^{k} B(n; p; i) = 0, \ldots;$$

fehlende Werte sind $< 5 \cdot 10^{-6}$ bzw. $\geq 0{,}999995$.

n	k	$\frac{5}{6}$	0,85	0,90	0,95	0,96	0,97	0,98	0,99	k
100	65	00001								65
	66	00002	00000							66
	67	00005	00001							67
	68	00012	00002							68
	69	00030	00004							69
	70	00068	00011							70
	71	00148	00026							71
	72	00310	00061							72
	73	00621	00138							73
	74	01188	00297	00000						74
	75	02170	00608	00001						75
	76	03786	01189	00004						76
	77	06305	02214	00011						77
	78	10018	03928	00031						78
	79	15189	06632	00081						79
	80	21975	10654	00198						80
	81	30353	16283	00458						81
	82	40059	23672	01001	00000					82
	83	50584	32754	02060	00001					83
	84	61234	43168	03989	00004	00000				84
	85	71258	54278	07257	00014	00001				85
	86	79999	65257	12388	00046	00005	00000			86
	87	87033	75270	19818	00146	00018	00001			87
	88	92228	83651	29697	00427	00067	00005	00000		88
	89	95730	90055	41684	01147	00224	00021	00001		89
	90	97871	94491	54871	02819	00684	00087	00003		90
	91	99047	97252	67913	06309	01899	00322	00019	00000	91
	92	99622	98783	79395	12796	04751	01062	00093	00001	92
	93	99869	99530	88284	23399	10639	03123	00406	00007	93
	94	99962	99845	94242	38400	21163	08084	01548	00053	94
	95	99991	99957	97629	56402	37114	18215	05083	00343	95
	96	99998	99991	99216	74216	57052	35275	14104	01837	96
	97		99998	99806	88174	76786	58023	32332	07937	97
	98			99968	96292	91284	80538	59673	26424	98
	99			99997	99408	98313	95245	86738	63397	99

Beispiel:

$$F_{0,95}^{100}(89) = 0{,}01147$$

Binomialverteilung kumulativ

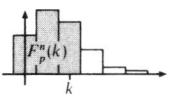

n	k	0,01	0,02	0,03	0,04	0,05	0,10	0,15	$\frac{1}{6}$	k
200	0	13398	01759	00226	00028	00004				0
	1	40465	08938	01625	00266	00040				1
	2	67668	23515	05929	01249	00234				2
	3	85803	43149	14715	03953	00905	00000			3
	4	94825	62884	28098	09502	02645	00001			4
	5	98398	78672	44323	18565	06234	00004			5
	6	99570	89144	60632	30838	12374	00015			6
	7	99899	95066	74610	45010	21330	00048			7
	8	99979	97983	85040	59257	32702	00139			8
	9	99996	99252	91922	71920	45471	00353	00000		9
	10	99999	99747	95987	81998	58307	00807	00001		10
	11		99921	98159	89251	69976	01679	00002	00000	11
	12		99977	99217	94011	79648	03205	00007	00001	12
	13		99994	99690	96879	87011	05656	00017	00002	13
	14		99999	99885	98475	92187	09295	00043	00004	14
	15			99960	99300	95564	14308	00099	00011	15
	16			99987	99697	97620	20748	00214	00028	16
	17			99996	99876	98791	28493	00432	00063	17
	18			99999	99952	99418	37242	00825	00134	18
	19				99982	99734	46554	01488	00270	19
	20				99994	99884	55917	02547	00517	20
	21				99998	99952	64835	04150	00940	21
	22				99999	99981	72897	06450	01628	22
	23					99993	79830	09592	02693	23
	24					99997	85511	13682	04264	24
	25					99999	89954	18762	06476	25
	26						93278	24797	09454	26
	27						95657	31659	13292	27
	28						97291	39142	18035	28
	29						98367	46973	23661	29
	30						99049	54851	30074	30
	31						99465	62475	37108	31
	32						99708	69580	44538	32
	33						99846	75963	52103	33
	34						99922	81496	59535	34
	35						99961	86127	66584	35
	36						99981	89872	73046	36
	37						99991	92802	78774	37
	38						99996	95020	83688	38
	39						99998	96645	87771	39
	40						99999	97800	91058	40
	41							98595	93623	41
	42							99127	95565	42
	43							99471	96992	43
	44							99688	98011	44
	45							99821	98717	45
	46							99899	99193	46
	47							99945	99505	47
	48							99971	99703	48
	49							99985	99827	49
	50							99992	99901	50
	51							99996	99945	51
	52							99998	99970	52
	53							99999	99984	53
	54								99992	54
	55								99996	55
	56								99998	56
	57								99999	57

Beispiel: $F_{0,03}^{200}(4) = 0,28098$

Binomialverteilung kumulativ $F_p^n(k) = \sum_{i=0}^{k} B(n; p; i) = 0, \ldots$; fehlende Werte sind $< 5 \cdot 10^{-6}$ bzw. $\geqq 0{,}999995$.

n	k	0,20	0,25	0,30	$\frac{1}{3}$	0,35	0,40	0,45	0,50	k
200	16	00000								16
	17	00001								17
	18	00002								18
	19	00005								19
	20	00011								20
	21	00024								21
	22	00050								22
	23	00102								23
	24	00196	00000							24
	25	00363	00001							25
	26	00643	00002							26
	27	01095	00005							27
	28	01793	00010							28
	29	02828	00021							29
	30	04302	00042							30
	31	06324	00079							31
	32	08993	00145	00000						32
	33	12390	00257	00001						33
	34	16561	00440	00002						34
	35	21507	00729	00004						35
	36	27174	01171	00008						36
	37	33454	01824	00015						37
	38	40188	02758	00028	00000					38
	39	47181	04050	00052	00001					39
	40	54218	05785	00093	00002	00000				40
	41	61083	08041	00161	00004	00001				41
	42	67581	10889	00272	00009	00001				42
	43	73550	14376	00447	00016	00002				43
	44	78874	18524	00715	00030	00005				44
	45	83488	23317	01113	00054	00009				45
	46	87375	28700	01687	00093	00016				46
	47	90560	34580	02493	00159	00030				47
	48	93097	40828	03595	00263	00053				48
	49	95065	47288	05059	00424	00091	00000			49
	50	96550	53791	06955	00668	00154	00001			50
	51	97643	60166	09344	01027	00254	00001			51
	52	98425	66255	12277	01541	00407	00002			52
	53	98972	71923	15789	02258	00637	00004			53
	54	99343	77067	19885	03235	00975	00008			54
	55	99590	81618	24545	04531	01458	00015			55
	56	99750	85546	29717	06209	02131	00027			56
	57	99851	88853	35316	08328	03046	00047			57
	58	99913	91572	41232	10941	04262	00079	00000		58
	59	99950	93753	47335	14085	05837	00131	00001		59
	60	99972	95461	53481	17780	07830	00213	00001		60
	61	99985	96768	59526	22019	10293	00338	00002		61
	62	99992	97745	65335	26772	13267	00525	00004		62
	63	99996	98458	70788	31977	16774	00798	00007		63
	64	99998	98967	75791	37548	20817	01187	00012		64
	65	99999	99322	80276	43376	25372	01731	00021		65
	66	99999	99564	84209	49336	30388	02472	00036		66
	67		99725	87579	55297	35791	03459	00061		67
	68		99830	90405	61126	41480	04748	00101	00000	68
	69		99897	92721	66702	47341	06390	00163	00001	69

Beispiel: $F_{0,25}^{200}(33) = 0{,}00257$

Binomialverteilung kumulativ

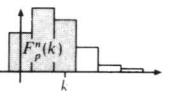

n	k	0,20	0,25	0,30	$\frac{1}{3}$	0,35	0,40	0,45	0,50	k
200	70		99939	94579	71919	53247	08440	00259	00001	70
	71		99965	96037	76695	59070	10942	00402	00002	71
	72		99980	97157	80974	64687	13930	00611	00005	72
	73		99989	97998	84725	69991	17423	00912	00008	73
	74		99994	98617	87944	74892	21419	01334	00014	74
	75		99997	99062	90648	79326	25896	01915	00025	75
	76		99998	99376	92872	83253	30804	02696	00042	76
	77		99999	99593	94662	86658	36073	03725	00070	77
	78			99739	96074	89549	41612	05053	00114	78
	79			99836	97164	91953	47316	06731	00182	79
	80			99899	97988	93911	53066	08807	00284	80
	81			99939	98599	95473	58746	11324	00436	81
	82			99964	99042	96694	64241	14312	00657	82
	83			99979	99357	97628	69449	17788	00970	83
	84			99988	99576	98329	74285	21749	01406	84
	85			99993	99726	98844	78685	26172	02002	85
	86			99996	99826	99214	82607	31012	02798	86
	87			99998	99892	99476	86034	36200	03842	87
	88			99999	99934	99657	88967	41650	05182	88
	89			99999	99960	99779	91428	47262	06868	89
	90				99977	99861	93451	52926	08948	90
	91				99987	99914	95082	58526	11462	91
	92				99992	99948	96369	63956	14441	92
	93				99996	99969	97366	69114	17900	93
	94				99998	99982	98123	73919	21838	94
	95				99999	99989	98686	78305	26231	95
	96				99999	99994	99096	82230	31036	96
	97					99997	99390	85673	36189	97
	98					99998	99595	88634	41604	98
	99					99999	99736	91130	47183	99
	100						99832	93192	52817	100
	101						99894	94863	58396	101
	102						99935	96190	63811	102
	103						99961	97223	68964	103
	104						99977	98011	73769	104
	105						99986	98601	78162	105
	106						99992	99033	82100	106
	107						99996	99344	85559	107
	108						99998	99563	88538	108
	109						99999	99714	91052	109
	110						99999	99816	93132	110
	111							99884	94818	111
	112							99928	96158	112
	113							99957	97202	113
	114							99974	97998	114
	115							99985	98594	115
	116							99991	99030	116
	117							99995	99343	117
	118							99997	99564	118
	119							99999	99716	119
	120							99999	99818	120
	121								99886	121
	122								99930	122
	123								99958	123
	124								99975	124
	125								99986	125
	126								99992	126
	127								99995	127
	128								99998	128
	129								99999	129
	130								99999	130

Beispiel: $F_{0,3}^{200}(80) = 0,99899$

Binomialverteilung kumulativ $\quad F_p^n(k) = \sum\limits_{i=0}^{k} B(n; p; i) = 0, \dots;$ $\quad$ fehlende Werte sind $< 5 \cdot 10^{-6}$ bzw. $\geqq 0{,}999995.$

n	k \ p	0,50	0,55	0,60	0,65	$\frac{2}{3}$	0,70	0,75	0,80	p / k
200	69	00001								69
	70	00001								70
	71	00002								71
	72	00005								72
	73	00008								73
	74	00014								74
	75	00025								75
	76	00042								76
	77	00070								77
	78	00114	00000							78
	79	00182	00001							79
	80	00284	00001							80
	81	00436	00003							81
	82	00657	00005							82
	83	00970	00009							83
	84	01406	00015							84
	85	02002	00026							85
	86	02798	00043							86
	87	03842	00072							87
	88	05182	00116	00000						88
	89	06868	00184	00001						89
	90	08948	00286	00001						90
	91	11462	00437	00002						91
	92	14441	00656	00004						92
	93	17900	00967	00008						93
	94	21838	01399	00014						94
	95	26231	01989	00023						95
	96	31036	02777	00039						96
	97	36189	03810	00065						97
	98	41604	05137	00106						98
	99	47183	06808	00168	00000					99
	100	52817	08870	00264	00001					100
	101	58396	11366	00405	00002					101
	102	63811	14327	00610	00003	00000				102
	103	68964	17770	00904	00006	00001				103
	104	73769	21695	01314	00011	00001				104
	105	78162	26081	01877	00018	00002				105
	106	82100	30885	02633	00031	00004				106
	107	85559	36044	03631	00052	00008				107
	108	88538	41474	04918	00086	00013				108
	109	91052	47074	06549	00139	00023	00000			109
	110	93132	52738	08572	00221	00040	00001			110
	111	94818	58350	11033	00343	00066	00001			111
	112	96158	63800	13966	00524	00108	00002			112
	113	97202	68988	17393	00786	00174	00004			113
	114	97998	73828	21315	01156	00274	00007			114
	115	98594	78251	25715	01671	00424	00012			115
	116	99030	82212	30551	02372	00643	00021			116
	117	99343	85688	35759	03306	00958	00036			117
	118	99564	88676	41254	04527	01401	00061			118
	119	99716	91193	46934	06089	02012	00101			119
	120	99818	93269	52684	08047	02836	00164			120
	121	99886	94947	58388	10451	03926	00261	00000		121
	122	99930	96275	63927	13342	05338	00407	00001		122
	123	99958	97304	69196	16747	07128	00624	00002		123
	124	99975	98085	74104	20674	09352	00938	00003		124
	125	99986	98666	78581	25108	12056	01383	00006		125
	126	99992	99088	82577	30009	15275	02002	00011		126
	127	99995	99389	86070	35313	19026	02843	00020		127
	128	99998	99598	89058	40930	23305	03963	00035		128
	129	99999	99741	91560	46753	28081	05421	00061		129

Binomialverteilung kumulativ

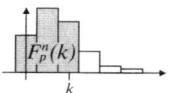

n	k	0,50	0,55	0,60	0,65	$\frac{2}{3}$	0,70	0,75	0,80	k
200	130	99999	99837	93610	52659	33298	07279	00103		130
	131		99899	95252	58520	38874	09595	00170		131
	132		99939	96541	64209	44703	12421	00275	00000	132
	133		99964	97528	69612	50664	15791	00436	00001	133
	134		99979	98269	74628	56624	19724	00678	00001	134
	135		99988	98813	79183	62452	24209	01033	00002	135
	136		99993	99202	83226	68023	29212	01542	00004	136
	137		99996	99475	86733	73228	34665	02255	00008	137
	138		99998	99662	89707	77981	40474	03232	00015	138
	139		99999	99787	92170	82220	46519	04539	00028	139
	140		99999	99869	94163	85915	52665	06247	00050	140
	141			99921	95738	89059	58768	08428	00087	141
	142			99953	96954	91672	64684	11147	00149	142
	143			99973	97869	93791	70283	14454	00250	143
	144			99985	98542	95469	75455	18382	00410	144
	145			99992	99025	96765	80115	22933	00657	145
	146			99996	99363	97742	84211	28077	01028	146
	147			99998	99593	98459	87723	33745	01575	147
	148			99999	99746	98973	90656	39834	02357	148
	149			99999	99846	99332	93045	46209	03450	149
	150				99909	99576	94941	52712	04935	150
	151				99947	99737	96405	59172	06903	151
	152				99970	99841	97507	65420	09440	152
	153				99984	99907	98313	71300	12625	153
	154				99991	99946	98887	76683	16512	154
	155				99995	99970	99285	81476	21126	155
	156				99998	99984	99553	85624	26450	156
	157				99999	99991	99728	89111	32419	157
	158				99999	99996	99839	91959	38917	158
	159					99998	99907	94215	45782	159
	160					99999	99948	95950	52819	160
	161						99972	97242	59812	161
	162						99985	98176	66546	162
	163						99992	98829	72826	163
	164						99996	99271	78493	164
	165						99998	99560	83439	165
	166						99999	99743	87610	166
	167							99855	91007	167
	168							99921	93676	168
	169							99958	95698	169
	170							99979	97172	170
	171							99990	98207	171
	172							99995	98905	172
	173							99998	99357	173
	174							99999	99637	174
	175								99804	175
	176								99898	176
	177								99950	177
	178								99976	178
	179								99989	179
	180								99995	180
	181								99998	181
	182								99999	182

Beispiel: $F_{0,6}^{200}(139) = 0{,}99787$

Binomialverteilung kumulativ $F_p^n(k) = \sum_{i=0}^{k} B(n; p; i) = 0, \dots;$ fehlende Werte sind $< 5 \cdot 10^{-6}$ bzw. $\geq 0,999995$.

n	k	$\frac{5}{6}$	0,85	0,90	0,95	0,96	0,97	0,98	0,99	k
200	142	00001								142
	143	00002								143
	144	00004								144
	145	00008	00000							145
	146	00016	00001							146
	147	00030	00002							147
	148	00055	00004							148
	149	00099	00008							149
	150	00173	00015							150
	151	00297	00029							151
	152	00495	00055		**Beispiel:**	$F_{0,85}^{200}(169) = 0,45149$				152
	153	00807	00101							153
	154	01283	00179							154
	155	01989	00312							155
	156	03008	00529							156
	157	04435	00873							157
	158	06377	01405	00000						158
	159	08942	02200	00001						159
	160	12229	03355	00002						160
	161	16312	04980	00004						161
	162	21226	07198	00009						162
	163	26954	10128	00019						163
	164	33416	13873	00039						164
	165	40465	18504	00078						165
	166	47897	24037	00154						166
	167	55462	30420	00292						167
	168	62892	37525	00535						168
	169	69926	45149	00951						169
	170	76339	53027	01633						170
	171	81965	60858	02709						171
	172	86708	68341	04343						172
	173	90546	75203	06722	00000					173
	174	93524	81238	10046	00001					174
	175	95736	86318	14489	00003					175
	176	97307	90408	20170	00007	00000				176
	177	98372	93550	27103	00019	00001				177
	178	99060	95850	35165	00048	00002				178
	179	99483	97453	44083	00116	00006				179
	180	99730	98512	53446	00266	00018	00000			180
	181	99866	99175	62758	00582	00048	00001			181
	182	99937	99568	71507	01209	00124	00004			182
	183	99972	99786	79252	02380	00303	00013			183
	184	99989	99901	85692	04436	00700	00040	00000		184
	185	99996	99957	90705	07813	01525	00115	00001		185
	186	99998	99983	94344	12989	03121	00310	00006		186
	187	99999	99993	96795	20352	05989	00783	00023		187
	188		99998	98321	30024	10749	01841	00079	00000	188
	189		99999	99193	41693	18002	04013	00253	00001	189
	190			99647	54529	28080	08078	00748	00004	190
	191			99861	67298	40743	14960	02018	00021	191
	192			99952	78670	54990	25390	04934	00101	192
	193			99985	87626	69162	39369	10856	00430	193
	194			99996	93766	81435	55677	21328	01602	194
	195			99999	97355	90498	71902	37116	05175	195
	196				99095	96047	85285	56851	14197	196
	197				99766	98751	94071	76485	32332	197
	198				99960	99734	98375	91063	59536	198
	199				99996	99972	99774	98241	86602	199

Poisson-Verteilung kumulativ $\sum\limits_{i=0}^{k} P(\mu;i) = \sum\limits_{i=0}^{k} e^{-\mu}\dfrac{\mu^i}{i!} = 0, \ldots;$

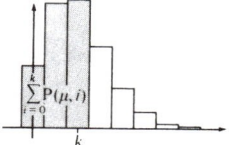

fehlende Werte sind $< 5 \cdot 10^{-6}$ bzw. $\geqq 0,999995$.

k \ μ	0,05	0,1	0,2	0,3	0,4	0,5	0,6	0,7	0,8	0,9
0	95123	90484	81873	74082	67032	60653	54881	49659	44933	40657
1	99879	99532	98248	96306	93845	90980	87810	84420	80879	77248
2	99998	99985	99885	99640	99207	98561	97688	96586	95258	93714
3			99994	99973	99922	99825	99664	99425	99092	98654
4				99998	99994	99983	99961	99921	99859	99766
5						99999	99996	99991	99982	99966
6								99999	99998	99996
7										
8										
9										

k \ μ	1,0	1,5	2,0	2,5	3,0	3,5	4,0	4,5	5,0	5,5
0	36788	22313	13534	08208	04979	03020	01832	01111	00674	00409
1	73576	55783	40601	28730	19915	13589	09158	06110	04043	02656
2	91970	80885	67668	54381	42319	32085	23810	17358	12465	08838
3	98101	93436	85712	75758	64723	53663	43347	34230	26503	20170
4	99634	98142	94735	89118	81526	72544	62884	53210	44049	35752
5	99941	99554	98344	95798	91608	85761	78513	70293	61596	52892
6	99992	99907	99547	98581	96649	93471	88933	83105	76218	68604
7	99999	99983	99890	99575	98810	97326	94887	91341	86663	80949
8		99997	99976	99886	99620	99013	97864	95974	93191	89436
9			99995	99972	99890	99669	99187	98291	96817	94622
10			99999	99994	99971	99898	99716	99333	98630	97475
11				99999	99993	99971	99908	99760	99455	98901
12					99998	99992	99973	99919	99798	99555
13						99998	99992	99975	99930	99831
14							99998	99993	99977	99940
15								99998	99993	99980
16								99999	99998	99994
17									99999	99998
18										99999

Poisson-Verteilung kumulativ

k \ μ	6,0	6,5	7,0	7,5	8,0	8,5	9,0	9,5	10	11
0	00248	00150	00091	00055	00034	00020	00012	00007	00005	00002
1	01735	01128	00730	00470	00302	00193	00123	00079	00050	00020
2	06197	04304	02964	02026	01375	00928	00623	00416	00277	00121
3	15120	11185	08177	05915	04238	03011	02123	01486	01034	00492
4	28506	22367	17299	13206	09963	07436	05496	04026	02925	01510
5	44568	36904	30071	24144	19124	14960	11569	08853	06709	03752
6	60630	52652	44971	37815	31337	25618	20678	16495	13014	07861
7	74398	67276	59871	52464	45296	38560	32390	26866	22022	14319
8	84724	79157	72909	66197	59255	52311	45565	39182	33282	23199
9	91608	87738	83050	77641	71662	65297	58741	52183	45793	34051
10	95738	93316	90148	86224	81589	76336	70599	64533	58304	45989
11	97991	96612	94665	92076	88808	84866	80301	75199	69678	57927
12	99117	98397	97300	95733	93620	90908	87577	83643	79156	68870
13	99637	99290	98719	97844	96582	94859	92615	89814	86446	78129
14	99860	99704	99428	98974	98274	97257	95853	94001	91654	85404
15	99949	99884	99759	99539	99177	98617	97796	96653	95126	90740
16	99983	99957	99904	99804	99628	99339	98889	98227	97296	94408
17	99994	99985	99964	99921	99841	99700	99468	99107	98572	96781
18	99998	99995	99987	99970	99935	99870	99757	99572	99281	98231
19	99999	99998	99996	99989	99975	99947	99894	99804	99655	99071
20			99999	99996	99991	99979	99956	99914	99841	99533
21				99999	99997	99992	99983	99964	99930	99775
22					99999	99997	99993	99985	99970	99896
23						99999	99998	99994	99988	99954
24							99999	99998	99995	99980
25								99999	99998	99992
26									99999	99997
27										99999

k \ μ	12	13	14	15	16	17	18	19	20	25
0	00001	00000	00000							
1	00008	00003	00001	00000	00000	00000				
2	00052	00022	00009	00004	00002	00001	00000	00000		
3	00229	00105	00047	00021	00009	00004	00002	00001	00000	
4	00760	00374	00180	00086	00040	00018	00008	00004	00002	
5	02034	01073	00553	00279	00138	00067	00032	00015	00007	00000
6	04582	02589	01423	00763	00401	00206	00104	00052	00026	00001
7	08950	05403	03162	01800	01000	00543	00289	00151	00078	00002
8	15503	09976	06206	03745	02199	01260	00706	00387	00209	00008
9	24239	16581	10940	06985	04330	02612	01538	00886	00500	00022
10	34723	25168	17568	11846	07740	04912	03037	01832	01081	00059
11	46160	35316	26004	18475	12699	08467	05489	03467	02139	00142
12	57597	46310	35846	26761	19312	13502	09167	06056	03901	00314
13	68154	57304	46445	36322	27451	20087	14260	09840	06613	00647
14	77202	67513	57044	46565	36753	28083	20808	14975	10486	01240
15	84442	76361	66936	56809	46674	37145	28665	21479	15651	02229
16	89871	83549	75592	66412	56596	46774	37505	29203	22107	03775
17	93703	89046	82720	74886	65934	56402	46865	37836	29703	06048
18	96258	93017	88264	81947	74235	65496	56224	46948	38142	09204
19	97872	95733	92350	87522	81225	73632	65092	56061	47026	13357
20	98840	97499	95209	91703	86817	80548	73072	64717	55909	18549
21	99393	98592	97116	94689	91077	86147	79912	72550	64370	24730
22	99695	99238	98329	96726	94176	90473	85509	79314	72061	31753
23	99853	99603	99067	98054	96331	93670	89889	84902	78749	39388
24	99931	99801	99498	98884	97768	95935	93174	89325	84323	47340
25	99969	99903	99739	99382	98688	97476	95539	92687	88782	55292
26	99987	99955	99869	99669	99254	98483	97177	95144	92211	62939
27	99994	99980	99936	99828	99589	99117	98268	96873	94752	70019
28	99998	99991	99970	99914	99781	99502	98970	98046	96567	76340
29	99999	99996	99986	99958	99887	99727	99406	98815	97818	81790

Poisson-Verteilung kumulativ

$$\sum_{i=0}^{k} P(\mu; i) = \sum_{i=0}^{k} e^{-\mu} \frac{\mu^i}{i!} = 0, \dots;$$

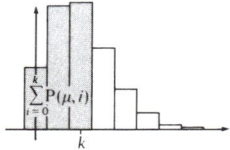

fehlende Werte sind $< 5 \cdot 10^{-6}$ bzw. $\geqq 0{,}999995$.

k\μ	12	13	14	15	16	17	18	19	20	25
30		99998	99994	99980	99943	99855	99667	99302	98653	86331
31		99999	99997	99991	99972	99925	99819	99600	99191	89993
32			99999	99996	99987	99963	99904	99777	99527	92854
33				99998	99994	99982	99951	99879	99731	95022
34				99999	99997	99991	99975	99936	99851	96616
35					99999	99996	99988	99967	99920	97754
36						99998	99994	99984	99958	98545
37						99999	99997	99992	99978	99079
38							99999	99996	99989	99430
39								99998	99995	99656
40								99999	99997	99796
41									99999	99882
42									99999	99933
43										99963
44										99980
45										99989
46										99994
47										99997
48										99999
49										99999

k\μ	30	35	40	45	50
8	00000				
9	00001				
10	00002				
11	00006	00000			
12	00017	00001			
13	00041	00002			
14	00092	00005	00000		
15	00195	00012	00001		
16	00387	00027	00001		
17	00727	00059	00003		
18	01293	00120	00008	00000	
19	02187	00232	00018	00001	
20	03528	00430	00037	00002	
21	05444	00758	00073	00005	00000
22	08057	01281	00140	00011	00001
23	11465	02077	00256	00023	00002
24	15724	03237	00448	00045	00003
25	20836	04862	00757	00084	00007
26	26734	07049	01231	00153	00014
27	33287	09884	01934	00267	00027
28	40308	13428	02938	00450	00051
29	47572	17705	04323	00734	00092
30					
31					
32		Fortsetzung Seite 58			
33					
34					
35					
36					
37					

k\μ	100
58	00000
59	00001
60	00001
61	00002
62	00003
63	00005
64	00008
65	00012
66	00019
67	00029
68	00044
69	00066
70	00097
71	00141
72	00202
73	00285
74	00397
75	00547
76	00745
77	01001
78	01329
79	01745
80	02265
81	02907
82	03689
83	04632
84	05755
85	07075
86	08611
87	10375

k\μ	100
88	12381
89	14635
90	17139
91	19890
92	22881
93	26097
94	29518
95	33119
96	36870
97	40738
98	44684
99	48670
100	52656
101	56603
102	60472
103	64229
104	67841
105	71281
106	74526
107	77559
108	80368
109	82944
110	85286
111	87396
112	89280
113	90948
114	92410
115	93682
116	94778
117	95716

k\μ	100
118	96510
119	97177
120	97733
121	98193
122	98569
123	98876
124	99123
125	99320
126	99477
127	99601
128	99697
129	99772
130	99829
131	99873
132	99906
133	99932
134	99950
135	99964
136	99974
137	99982
138	99987
139	99991
140	99994
141	99996
142	99997
143	99998
144	99999
145	99999
146	99999

Fortsetzung Seite 58

Poisson-Verteilung kumulativ

$$\sum_{i=0}^{k} P(\mu; i) = \sum_{i=0}^{k} e^{-\mu}\, \frac{\mu^i}{i!} = 0, \dots;$$

fehlende Werte sind $< 5 \cdot 10^{-6}$ bzw. $\geq 0{,}999995$.

k \ μ	30	35	40	45	50
30	54835	22694	06169	01160	00159
31	61864	28328	08552	01778	00269
32	68454	34489	11530	02648	00439
33	74445	41025	15140	03834	00698
34	79731	47752	19388	05404	01078
35	84262	54479	24241	07422	01621
36	88037	61020	29635	09944	02376
37	91099	67207	35465	13013	03395
38	93516	72905	41602	16646	04737
39	95375	78019	47897	20838	06457
40	96769	82494	54192	25555	08607
41	97789	86314	60333	30731	11229
42	98518	89497	66182	36277	14350
43	99026	92088	71622	42081	17980
44	99373	94149	76568	48017	22104
45	99604	95752	80965	53953	26687
46	99755	96972	84788	59761	31668
47	99851	97880	88042	65320	36967
48	99911	98542	90753	70533	42487
49	99948	99015	92966	75320	48119
50	99970	99347	94737	79628	53752
51	99983	99574	96126	83429	59274
52	99991	99727	97194	86719	64583
53	99995	99828	98001	89512	69593
54	99997	99893	98598	91840	74231
55	99999	99935	99032	93744	78447
56	99999	99961	99342	95274	82212
57		99977	99560	96483	85514
58		99987	99710	97420	88361
59		99992	99812	98135	90773
60		99996	99880	98671	92784
61		99998	99924	99067	94432
62		99999	99953	99354	95761
63		99999	99971	99559	96816
64			99983	99703	97640
65			99990	99803	98274
66			99994	99871	98754
67			99997	99917	99112
68			99998	99947	99376
69			99999	99967	99567
70			99999	99979	99703
71				99987	99799
72				99992	99866
73				99995	99911
74				99997	99942
75				99998	99963
76				99999	99976
77				99999	99985
78					99991
79					99994
80					99997
81					99998
82					99999
83					99999

k \ μ	200
140	00000
141	00001
142	00001
143	00001
144	00002
145	00003
146	00004
147	00005
148	00007
149	00010
150	00013
151	00018
152	00024
153	00032
154	00042
155	00055
156	00072
157	00094
158	00121
159	00155
160	00198
161	00251
162	00317
163	00398
164	00496
165	00616
166	00759
167	00932
168	01137
169	01379
170	01664
171	01998
172	02386
173	02835
174	03351
175	03940
176	04610
177	05367
178	06217
179	07167

k \ μ	200
180	08223
181	09389
182	10671
183	12072
184	13595
185	15241
186	17011
187	18905
188	20919
189	23050
190	25293
191	27642
192	30089
193	32625
194	35239
195	37921
196	40657
197	43434
198	46240
199	49060
200	51879
201	54685
202	57463
203	60200
204	62883
205	65501
206	68043
207	70498
208	72859
209	75119
210	77271
211	79311
212	81235
213	83042
214	84730
215	86301
216	87755
217	89096
218	90326
219	91449

k \ μ	200
220	92470
221	93394
222	94226
223	94973
224	95639
225	96232
226	96756
227	97218
228	97624
229	97977
230	98285
231	98552
232	98781
233	98979
234	99147
235	99291
236	99412
237	99515
238	99601
239	99673
240	99733
241	99783
242	99824
243	99858
244	99886
245	99909
246	99927
247	99942
248	99954
249	99964
250	99972
251	99978
252	99983
253	99986
254	99990
255	99992
256	99994
257	99995
258	99996
259	99997
260	99998
261	99998
262	99999
263	99999
264	99999

Dichte der Standardnormalverteilung $\quad \varphi(x) = \frac{1}{\sqrt{2\pi}}\, e^{-\frac{1}{2}x^2} = 0,\dots$

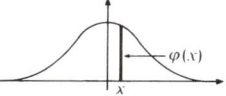

x	0,00	0,01	0,02	0,03	0,04	0,05	0,06	0,07	0,08	0,09
0,0	39894	39892	39886	39876	39862	39844	39822	39797	39767	39733
0,1	39695	39654	39608	39559	39505	39448	39387	39322	39253	39181
0,2	39104	39024	38940	38853	38762	38667	38568	38466	38361	38251
0,3	38139	38023	37903	37780	37654	37524	37391	37255	37115	36973
0,4	36827	36678	36526	36371	36213	36053	35889	35723	35553	35381
0,5	35207	35029	34849	34667	34482	34294	34105	33912	33718	33521
0,6	33322	33121	32918	32713	32506	32297	32086	31874	31659	31443
0,7	31225	31006	30785	30563	30339	30114	29887	29658	29430	29200
0,8	28969	28737	28504	28269	28034	27798	27562	27324	27086	26848
0,9	26609	26369	26129	25888	25647	25406	25164	24923	24681	24439
1,0	24197	23955	23713	23471	23230	22988	22747	22506	22265	22025
1,1	21785	21546	21307	21069	20831	20594	20357	20121	19886	19652
1,2	19419	19186	18954	18724	18494	18265	18037	17810	17585	17360
1,3	17137	16915	16694	16474	16256	16038	15822	15608	15395	15183
1,4	14973	14764	14556	14350	14146	13943	13742	13542	13344	13147
1,5	12952	12758	12566	12376	12188	12001	11816	11632	11450	11270
1,6	11092	10915	10741	10567	10396	10226	10059	09893	09728	09566
1,7	09405	09246	09089	08933	08780	08628	08478	08329	08183	08038
1,8	07895	07754	07614	07477	07341	07206	07074	06943	06814	06687
1,9	06562	06438	06316	06195	06077	05959	05844	05730	05618	05508
2,0	05399	05292	05186	05082	04980	04879	04780	04682	04586	04491
2,1	04398	04307	04217	04128	04041	03955	03871	03788	03706	03626
2,2	03547	03470	03394	03319	03246	03174	03103	03034	02965	02898
2,3	02833	02768	02705	02643	02582	02522	02463	02406	02349	02294
2,4	02239	02186	02134	02083	02033	01984	01936	01888	01842	01797
2,5	01753	01709	01667	01625	01585	01545	01506	01468	01431	01394
2,6	01358	01323	01289	01256	01223	01191	01160	01130	01100	01071
2,7	01042	01014	00987	00961	00935	00909	00885	00861	00837	00814
2,8	00792	00770	00748	00727	00707	00687	00668	00649	00631	00613
2,9	00595	00578	00562	00545	00530	00514	00499	00485	00470	00457

x	$\varphi(x)$		x	$\varphi(x)$		x	$\varphi(x)$		x	$\varphi(x)$
3,00	00443 18		3,50	00087 27		4,00	00013 38		4,50	00001 60
3,05	00380 98		3,55	00073 17		4,05	00010 94		4,55	00001 27
3,10	00326 68		3,60	00061 19		4,10	00008 93		4,60	00001 01
3,15	00279 43		3,65	00051 05		4,15	00007 26		4,65	00000 80
3,20	00238 41		3,70	00042 48		4,20	00005 89		4,70	00000 64
3,25	00202 90		3,75	00035 26		4,25	00004 77		4,75	00000 50
3,30	00172 26		3,80	00029 19		4,30	00003 85		4,80	00000 40
3,35	00145 87		3,85	00024 11		4,35	00003 10		4,85	00000 31
3,40	00123 22		3,90	00019 87		4,40	00002 49		4,90	00000 24
3,45	00103 83		3,95	00016 33		4,45	00002 00		4,95	00000 19
									5,00	00000 15

Beispiel: $\boxed{\varphi(0{,}63) = 0{,}32713}$

Standardnormalverteilung $\Phi(x) = \frac{1}{\sqrt{2\pi}} \int_{-\infty}^{x} e^{-\frac{1}{2}t^2}\,dt = 0,\ldots$

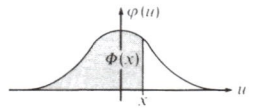

x	0,00	0,01	0,02	0,03	0,04	0,05	0,06	0,07	0,08	0,09
0,0	50000	50399	50798	51197	51595	51994	52392	52790	53188	53586
0,1	53983	54380	54776	55172	55567	55962	56356	56749	57142	57535
0,2	57926	58317	58706	59095	59483	59871	60257	60642	61026	61409
0,3	61791	62172	62552	62930	63307	63683	64058	64431	64803	65173
0,4	65542	65910	66276	66640	67003	67364	67724	68082	68439	68793
0,5	69146	69497	69847	70194	70450	70884	71226	71566	71904	72240
0,6	72575	72907	73237	73565	73891	74215	74537	74857	75175	75490
0,7	75804	76115	76424	76730	77035	77337	77637	77935	78230	78524
0,8	78814	79103	79389	79673	79955	80234	80511	80785	81057	81327
0,9	81594	81859	82121	82381	82639	82894	83147	83398	83646	83891
1,0	84134	84375	84614	84850	85083	85313	85543	85769	85993	86214
1,1	86433	86650	86864	87076	87286	87493	87698	87900	88100	88298
1,2	88493	88686	88877	89065	89251	89435	89617	89796	89973	90147
1,3	90320	90490	90658	90824	90988	91149	91308	91466	91621	91774
1,4	91924	92073	92220	92364	92507	92647	92786	92922	93056	93189
1,5	93319	93448	93574	93699	93822	93943	94062	94179	94295	94408
1,6	94520	94630	94738	94845	94950	95053	95154	95254	95352	95449
1,7	95543	95637	95728	95818	95907	95994	96080	96164	96246	96327
1,8	96407	96485	96562	96638	96712	96784	96856	96926	96995	97062
1,9	97128	97193	97257	97320	97381	97441	97500	97558	97615	97670
2,0	97725	97778	97831	97882	97932	97982	98030	98077	98124	98169
2,1	98214	98257	98300	98341	98382	98422	98461	98500	98537	98574
2,2	98610	98645	98679	98713	98745	98778	98809	98840	98870	98899
2,3	98928	98956	98983	99010	99036	99061	99086	99111	99134	99158
2,4	99180	99202	99224	99245	99266	99286	99305	99324	99343	99361
2,5	99379	99396	99413	99430	99446	99461	99477	99492	99506	99520
2,6	99534	99547	99560	99573	99585	99598	99609	99621	99632	99643
2,7	99653	99664	99674	99683	99693	99702	99711	99720	99728	99736
2,8	99744	99752	99760	99767	99774	99781	99788	99795	99801	99807
2,9	99813	99819	99825	99831	99836	99841	99846	99851	99856	99861
3,0	99865	99869	99874	99878	99882	99886	99889	99893	99896	99900
3,1	999	03240	06456	09574	12597	15526	18365	21115	23781	26362	28864
3,2	999	31286	33633	35905	38105	40235	42297	44294	46226	48096	49906
3,3	999	51658	53352	54991	56577	58111	59594	61029	62416	63757	65054
3,4	999	66307	67519	68689	69821	70914	71971	72991	73977	74929	75849
3,5	999	76737	77555	78423	79222	79994	80738	81457	82151	82820	83466
3,6	999	84089	84690	85270	85829	86368	86888	87389	87872	88338	88787
3,7	999	89220	89637	90039	90426	90799	91158	91504	91838	92159	92468
3,8	999	92765	93052	93327	93593	93848	94094	94331	94558	94777	94988
3,9	999	95190	95385	95573	95753	95926	96092	96252	96406	96554	96696
4,0	999	96833	96964	97090	97211	97327	97439	97546	97649	97748	97843
4,1	999	97934	98022	98106	98186	98263	98338	98409	98477	98542	98605
4,2	999	98665	98723	98778	98831	98882	98931	98978	99023	99066	99107
4,3	999	99146	99184	99220	99254	99288	99319	99350	99379	99407	99433
4,4	999	99459	99483	99506	99529	99550	99571	99590	99609	99627	99644
4,5	999	99660	99676	99691	99705	99719	99732	99744	99756	99768	99778
4,6	999	99789	99799	99808	99817	99826	99834	99842	99849	99857	99863
4,7	999	99870	99876	99882	99888	99893	99898	99903	99908	99912	99917
4,8	999	99921	99925	99928	99932	99935	99938	99941	99944	99947	99950
4,9	999	99952	99954	99957	99959	99961	99963	99965	99967	99968	99970
5,0	999	99971									

Hinweis: Von $x = 3,10$ an ist $\Phi(x)$ 8stellig angegeben.

Beispiele: $\Phi(0,03) = 0,51197$ $\Phi(4,08) = 0,999\,97748$

Quantile der Standardnormalverteilung

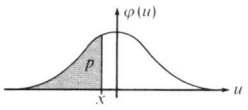

$p = \Phi(x)$	$x = \Phi^{-1}(p)$	$p = \Phi(x)$	$x = \Phi^{-1}(p)$	$p = \Phi(x)$	$x = \Phi^{-1}(p)$	$p = \Phi(x)$	$x = \Phi^{-1}(p)$
0	$-\infty$	0,15	$-1,0364$	0,50	0	0,90	1,2816
0,000001	$-4,7534$	0,16	$-0,9945$	0,51	0,0251	0,91	1,3408
0,00001	$-4,2649$	0,17	$-0,9542$	0,52	0,0502	0,92	1,4051
0,0001	$-3,7190$	0,18	$-0,9154$	0,53	0,0753	0,93	1,4758
0,0005	$-3,2905$	0,19	$-0,8780$	0,54	0,1004	0,94	1,5548
0,001	$-3,0902$	0,20	$-0,8416$	0,55	0,1257	0,95	1,6449
0,002	$-2,8782$	0,21	$-0,8064$	0,56	0,1510	0,96	1,7507
0,003	$-2,7478$	0,22	$-0,7722$	0,57	0,1764	0,97	1,8808
0,004	$-2,6521$	0,23	$-0,7389$	0,58	0,2019		
		0,24	$-0,7063$	0,59	0,2275	0,975	1,9600
0,005	$-2,5758$					0,976	1,9774
0,006	$-2,5121$	0,25	$-0,6745$	0,60	0,2534	0,977	1,9954
0,007	$-2,4573$	0,26	$-0,6434$	0,61	0,2793	0,978	2,0141
0,008	$-2,4089$	0,27	$-0,6128$	0,62	0,3059	0,979	2,0335
0,009	$-2,3656$	0,28	$-0,5828$	0,63	0,3319		
		0,29	$-0,5534$	0,64	0,3585	0,980	2,0538
0,010	$-2,3264$					0,981	2,0749
0,011	$-2,2904$	0,30	$-0,5244$	0,65	0,3853	0,982	2,0969
0,012	$-2,2571$	0,31	$-0,4959$	0,66	0,4125	0,983	2,1201
0,013	$-2,2262$	0,32	$-0,4677$	0,67	0,4399	0,984	2,1444
0,014	$-2,1973$	0,33	$-0,4399$	0,68	0,4677		
		0,34	$-0,4125$	0,69	0,4959	0,985	2,1701
0,015	$-2,1701$					0,986	2,1973
0,016	$-2,1444$	0,35	$-0,3853$	0,70	0,5244	0,987	2,2262
0,017	$-2,1201$	0,36	$-0,3585$	0,71	0,5534	0,988	2,2571
0,018	$-2,0969$	0,37	$-0,3319$	0,72	0,5828	0,989	2,2904
0,019	$-2,0749$	0,38	$-0,3055$	0,73	0,6128		
		0,39	$-0,2793$	0,74	0,6434	0,990	2,3264
0,020	$-2,0538$					0,991	2,3656
0,021	$-2,0335$	0,40	$-0,2534$	0,75	0,6745	0,992	2,4089
0,022	$-2,0141$	0,41	$-0,2275$	0,76	0,7063	0,993	2,4573
0,023	$-1,9954$	0,42	$-0,2019$	0,77	0,7389	0,994	2,5121
0,024	$-1,9774$	0,43	$-0,1764$	0,78	0,7722		
0,025	$-1,9600$	0,44	$-0,1510$	0,79	0,8064	0,995	2,5758
						0,996	2,6521
0,03	$-1,8808$	0,45	$-0,1257$	0,80	0,8416	0,997	2,7478
0,04	$-1,7507$	0,46	$-0,1004$	0,81	0,8779	0,998	2,8782
		0,47	$-0,0753$	0,82	0,9154	0,999	3,0902
0,05	$-1,6449$	0,48	$-0,0502$	0,83	0,9542		
0,06	$-1,5548$	0,49	$-0,0251$	0,84	0,9945	0,9995	3,2905
0,07	$-1,4758$					0,9999	3,7190
0,08	$-1,4051$			0,85	1,0364	0,99999	4,2649
0,09	$-1,3408$			0,86	1,0803	0,999999	4,7534
				0,87	1,1264		
0,10	$-1,2816$			0,88	1,1750	1	$+\infty$
0,11	$-1,2265$			0,89	1,2265		
0,12	$-1,1750$						
0,13	$-1,1264$						
0,14	$-1,0803$						

σ-Bereiche bei normalverteilten Zufallsgrößen

$P\left(|X - \mu| < t\sigma\right) = p$

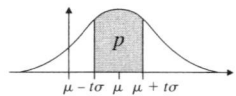

t	p	t	p	t	p	t	p	t	p
0,00	0,00000	0,50	0,38292	1,00	0,68269	1,50	0,86639	2,00	0,95450
0,01	0,00798	0,51	0,38995	1,01	0,68750	1,51	0,86896	2,05	0,95964
0,02	0,01596	0,52	0,39694	1,02	0,69227	1,52	0,87149	2,10	0,96427
0,03	0,02393	0,53	0,40389	1,03	0,69699	1,53	0,87398	2,15	0,96844
0,04	0,03191	0,54	0,41080	1,04	0,70166	1,54	0,87644	2,20	0,97219
0,05	0,03988	0,55	0,41768	1,05	0,70628	1,55	0,87886	2,25	0,97555
0,06	0,04784	0,56	0,42452	1,06	0,71086	1,56	0,88124	2,30	0,97855
0,07	0,05581	0,57	0,43132	1,07	0,71538	1,57	0,88358	2,35	0,98123
0,08	0,06376	0,58	0,43808	1,08	0,71986	1,58	0,88589	2,40	0,98360
0,09	0,07171	0,59	0,44481	1,09	0,72429	1,59	0,88817	2,45	0,98571
0,10	0,07966	0,60	0,45149	1,10	0,72867	1,60	0,89040	2,50	0,98758
0,11	0,08759	0,61	0,45814	1,11	0,73300	1,61	0,89260	2,55	0,98923
0,12	0,09552	0,62	0,46474	1,12	0,73729	1,62	0,89477	2,60	0,99068
0,13	0,10343	0,63	0,47130	1,13	0,74152	1,63	0,89690	2,65	0,99195
0,14	0,11134	0,64	0,47783	1,14	0,74571	1,64	0,89899	2,70	0,99307
0,15	0,11923	0,65	0,48431	1,15	0,74986	1,65	0,90106	2,75	0,99404
0,16	0,12712	0,66	0,49075	1,16	0,75395	1,66	0,90309	2,80	0,99489
0,17	0,13499	0,67	0,49714	1,17	0,75800	1,67	0,90508	2,85	0,99563
0,18	0,14285	0,68	0,50350	1,18	0,76200	1,68	0,90704	2,90	0,99627
0,19	0,15069	0,69	0,50981	1,19	0,76595	1,69	0,90897	2,95	0,99682
0,20	0,15852	0,70	0,51607	1,20	0,76986	1,70	0,91087	3,00	0,99730
0,21	0,16633	0,71	0,52230	1,21	0,77372	1,71	0,91273	3,05	0,99771
0,22	0,17413	0,72	0,52847	1,22	0,77753	1,72	0,91457	3,10	0,99806
0,23	0,18191	0,73	0,53461	1,23	0,78130	1,73	0,91637	3,15	0,99837
0,24	0,18967	0,74	0,54070	1,24	0,78502	1,74	0,91814	3,20	0,99863
0,25	0,19741	0,75	0,54674	1,25	0,78870	1,75	0,91988	3,25	0,99885
0,26	0,20514	0,76	0,55275	1,26	0,79233	1,76	0,92159	3,30	0,99903
0,27	0,21284	0,77	0,55870	1,27	0,79592	1,77	0,92327	3,35	0,99919
0,28	0,22052	0,78	0,56461	L,28	0,79945	1,78	0,92492	3,40	0,99933
0,29	0,22818	0,79	0,57047	1,29	0,80295	1,79	0,92655	3,45	0,99944
0,30	0,23582	0,80	0,57629	1,30	0,80640	1,80	0,92814	3,50	0,99953
0,31	0,24344	0,81	0,58206	1,31	0,80980	1,81	0,92970	3,55	0,99961
0,32	0,25103	0,82	0,58778	1,32	0,81316	1,82	0,93124	3,60	0,99968
0,33	0,25860	0,83	0,59346	1,33	0,81648	1,83	0,93275	3,65	0,99974
0,34	0,26614	0,84	0,59909	1,34	0,81975	1,84	0,93423	3,70	0,99978
0,35	0,27366	0,85	0,60467	1,35	0,82298	1,85	0,93569	3,75	0,99982
0,36	0,28115	0,86	0,61021	1,36	0,82617	1,86	0,93711	3,80	0,99986
0,37	0,28862	0,87	0,61570	1,37	0,82931	1,87	0,93852	3,85	0,99988
0,38	0,29605	0,88	0,62114	1,38	0,83241	1,88	0,93989	3,90	0,99990
0,39	0,30346	0,89	0,62653	1,39	0,83547	1,89	0,94124	3,95	0,99992
0,40	0,31084	0,90	0,63188	1,40	0,83849	1,90	0,94257	4,00	0,99994
0,41	0,31819	0,91	0,63718	1,41	0,84146	1,91	0,94387	4,05	0,99995
0,42	0,32551	0,92	0,64243	1,42	0,84439	1,92	0,94514	4,10	0,9999586625340
0,43	0,33280	0,93	0,64763	1,43	0,84728	1,93	0,94639	4,15	0,9999667330580
0,44	0,34006	0,94	0,65278	1,44	0,85013	1,94	0,94762	4,20	0,9999732917840
0,45	0,34729	0,95	0,65789	1,45	0,85294	1,95	0,94882	4,25	0,9999786086120
0,46	0,35448	0,96	0,66294	1,46	0,85571	1,96	0,95000	4,30	0,9999829079440
0,47	0,36164	0,97	0,66795	1,47	0,85844	1,97	0,95116	4,35	0,9999863758300
0,48	0,36877	0,98	0,67291	1,48	0,86113	1,98	0,95230	4,40	0,9999891660860
0,49	0,37587	0,99	0,67783	1,49	0,86378	1,99	0,95341	4,45	0,9999914055210
								4,50	0,9999931983890
								4,55	0,9999946301600
								4,60	0,9999957707100
								4,65	0,9999966770070
								4,70	0,9999973953670
								4,75	0,9999979633420
								4,80	0,9999984112940
								4,85	0,9999987637050
								4,90	0,9999990402610
								4,95	0,9999992567480
								5,00	0,9999994257900

Beispiel: $P(|X - \mu| < 1,8\,\sigma) = $ 0,92814

σ-Bereiche bei normalverteilten Zufallsgrößen

$P(|X - \mu| < t\sigma) = p$

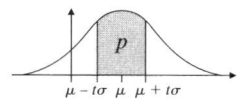

p	0,000	0,002	0,004	0,006	0,008	p	0,000	0,002	0,004	0,006	0,008
0,00	0,00000	0,00251	0,00501	0,00752	0,01003	0,50	0,67449	0,67764	0,68080	0,68396	0,68713
0,01	0,01253	0,01504	0,01755	0,02005	0,02256	0,51	0,69031	0,69349	0,69668	0,69988	0,70309
0,02	0,02507	0,02758	0,03008	0,03259	0,03510	0,52	0,70630	0,70952	0,71275	0,71599	0,71923
0,03	0,03761	0,04012	0,04263	0,04513	0,04764	0,53	0,72248	0,72574	0,72900	0,73228	0,73556
0,04	0,05015	0,05266	0,05517	0,05768	0,06020	0,54	0,73885	0,74214	0,74545	0,74876	0,75208
0,05	0,06271	0,06522	0,06773	0,07024	0,07276	0,55	0,75542	0,75875	0,76210	0,76546	0,76882
0,06	0,07527	0,07778	0,08030	0,08281	0,08533	0,56	0,77219	0,77557	0,77897	0,78237	0,78577
0,07	0,08784	0,09036	0,09288	0,09540	0,09791	0,57	0,78919	0,79262	0,79606	0,79950	0,80296
0,08	0,10043	0,10295	0,10547	0,10799	0,11052	0,58	0,80642	0,80990	0,81338	0,81687	0,82038
0,09	0,11304	0,11556	0,11809	0,12061	0,12314	0,59	0,82390	0,82742	0,83095	0,83450	0,83805
0,10	0,12566	0,12819	0,13072	0,13324	0,13577	0,60	0,84162	0,84520	0,84879	0,85239	0,85600
0,11	0,13830	0,14084	0,14337	0,14590	0,14843	0,61	0,85962	0,86325	0,86689	0,87055	0,87422
0,12	0,15097	0,15351	0,15604	0,15858	0,16112	0,62	0,87790	0,88159	0,88529	0,88901	0,89273
0,13	0,16366	0,16620	0,16874	0,17128	0,17383	0,63	0,89647	0,90023	0,90399	0,90777	0,91156
0,14	0,17637	0,17892	0,18147	0,18402	0,18657	0,64	0,91537	0,91918	0,92301	0,92686	0,93072
0,15	0,18912	0,19167	0,19422	0,19678	0,19934	0,65	0,93458	0,93848	0,94238	0,94629	0,95022
0,16	0,20189	0,20445	0,20701	0,20957	0,21214	0,66	0,95416	0,95812	0,96210	0,96609	0,97009
0,17	0,21470	0,21727	0,21983	0,22240	0,22497	0,67	0,97411	0,97815	0,98220	0,98627	0,99036
0,18	0,22754	0,23012	0,23269	0,23527	0,23785	0,68	0,99446	0,99858	1,00271	1,00686	1,01103
0,19	0,24043	0,24301	0,24559	0,24817	0,25076	0,69	1,01522	1,01943	1,02365	1,02789	1,03215
0,20	0,25335	0,25594	0,25853	0,26112	0,26371	0,70	1,03643	1,04073	1,04505	1,04939	1,05374
0,21	0,26631	0,26891	0,27151	0,27411	0,27671	0,71	1,05812	1,06252	1,06694	1,07138	1,07584
0,22	0,27932	0,28193	0,28454	0,28715	0,28976	0,72	1,08032	1,08482	1,08935	1,09390	1,09847
0,23	0,29237	0,29499	0,29761	0,30023	0,30286	0,73	1,10306	1,10768	1,11232	1,11699	1,12168
0,24	0,30548	0,30811	0,31074	0,31337	0,31600	0,74	1,12639	1,13113	1,13590	1,14069	1,14551
0,25	0,31864	0,32128	0,32392	0,32656	0,32921	0,75	1,15035	1,15522	1,16012	1,16505	1,17000
0,26	0,33185	0,33450	0,33716	0,33981	0,34247	0,76	1,17499	1,18000	1,18504	1,19012	1,19522
0,27	0,34513	0,34779	0,35045	0,35312	0,35579	0,77	1,20036	1,20553	1,21072	1,21596	1,22123
0,28	0,35846	0,36113	0,36381	0,36649	0,36917	0,78	1,22653	1,23186	1,23723	1,24264	1,24808
0,29	0,37186	0,37454	0,37723	0,37993	0,38262	0,79	1,25357	1,25908	1,26464	1,27024	1,27587
0,30	0,38532	0,38802	0,39073	0,39343	0,39614	0,80	1,28155	1,28727	1,29303	1,29884	1,30469
0,31	0,39886	0,40157	0,40429	0,40701	0,40974	0,81	1,31058	1,31652	1,32251	1,32854	1,33462
0,32	0,41246	0,41519	0,41793	0,42066	0,42340	0,82	1,34076	1,34694	1,35317	1,35946	1,36581
0,33	0,42615	0,42889	0,43164	0,43440	0,43715	0,83	1,37220	1,37866	1,38517	1,39174	1,39838
0,34	0,43991	0,44268	0,44544	0,44821	0,45099	0,84	1,40507	1,41183	1,41865	1,42554	1,43250
0,35	0,45376	0,45654	0,45933	0,46211	0,46490	0,85	1,43953	1,44663	1,45381	1,46106	1,46838
0,36	0,46770	0,47050	0,47330	0,47610	0,47891	0,86	1,47579	1,48328	1,49085	1,49851	1,50626
0,37	0,48173	0,48454	0,48736	0,49019	0,49302	0,87	1,51410	1,52204	1,53007	1,53820	1,54643
0,38	0,49585	0,49869	0,50153	0,50437	0,50722	0,88	1,55477	1,56322	1,57179	1,58047	1,58927
0,39	0,51007	0,51293	0,51579	0,51866	0,52153	0,89	1,59819	1,60725	1,61644	1,62576	1,63523
0,40	0,52440	0,52728	0,53016	0,53305	0,53594	0,90	1,64485	1,65463	1,66456	1,67466	1,68494
0,41	0,53884	0,54174	0,54464	0,54755	0,55047	0,91	1,69540	1,70604	1,71689	1,72793	1,73920
0,42	0,55338	0,55631	0,55924	0,56217	0,56511	0,92	1,75069	1,76241	1,77438	1,78661	1,79912
0,43	0,56805	0,57100	0,57395	0,57691	0,57987	0,93	1,81191	1,82501	1,83842	1,85218	1,86630
0,44	0,58284	0,58581	0,58879	0,59178	0,59477	0,94	1,88079	1,89570	1,91104	1,92684	1,94313
0,45	0,59776	0,60076	0,60376	0,60678	0,60979						
0,46	0,61281	0,61584	0,61887	0,62191	0,62496						
0,47	0,62801	0,63106	0,63412	0,63719	0,64027						
0,48	0,64335	0,64643	0,64952	0,65262	0,65573						
0,49	0,65884	0,66196	0,66508	0,66821	0,67135						

Fortsetzung Seite 64

Beispiel: $P(|X - \mu| < t\sigma) = 0{,}396 \Rightarrow t = 0{,}51866$

σ-Bereiche bei normalverteilten Zufallsgrößen

$$P(|X - \mu| < t\sigma) = p$$

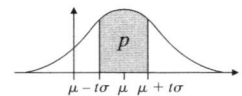

p	0,0000	0,0002	0,0004	0,0006	0,0008
0,950	1,95996	1,96168	1,96340	1,96512	1,96685
0,951	1,96859	1,97033	1,97208	1,97384	1,97560
0,952	1,97737	1,97914	1,98092	1,98271	1,98450
0,953	1,98630	1,98811	1,98992	1,99174	1,99356
0,954	1,99539	1,99723	1,99908	2,00093	2,00279
0,955	2,00465	2,00653	2,00841	2,01029	2,01219
0,956	2,01409	2,01600	2,01792	2,01984	2,02177
0,957	2,02371	2,02566	2,02761	2,02957	2,03154
0,958	2,03352	2,03551	2,03750	2,03950	2,04151
0,959	2,04353	2,04556	2,04759	2,04964	2,05169
0,960	2,05375	2,05582	2,05790	2,05998	2,06208
0,961	2,06419	2,06630	2,06843	2,07056	2,07270
0,962	2,07485	2,07702	2,07919	2,08137	2,08356
0,963	2,08576	2,08798	2,09020	2,09243	2,09467
0,964	2,09693	2,09919	2,10147	2,10375	2,10605
0,965	2,10836	2,11068	2,11301	2,11535	2,11771
0,966	2,12007	2,12245	2,12484	2,12724	2,12966
0,967	2,13208	2,13452	2,13698	2,13944	2,14192
0,968	2,14441	2,14692	2,14943	2,15197	2,15451
0,969	2,15707	2,15965	2,16224	2,16484	2,16746
0,970	2,17009	2,17274	2,17540	2,17808	2,18078
0,971	2,18349	2,18621	2,18896	2,19172	2,19449
0,972	2,19729	2,20010	2,20293	2,20577	2,20864
0,973	2,21152	2,21442	2,21734	2,22028	2,22323
0,974	2,22621	2,22921	2,23223	2,23526	2,23832
0,975	2,24140	2,24450	2,24763	2,25077	2,25394
0,976	2,25713	2,26034	2,26358	2,26684	2,27013
0,977	2,27343	2,27677	2,28013	2,28352	2,28693
0,978	2,29037	2,29383	2,29733	2,30085	2,30440
0,979	2,30798	2,31160	2,31524	2,31891	2,32261
0,980	2,32635	2,33012	2,33392	2,33775	2,34162
0,981	2,34553	2,34947	2,35345	2,35747	2,36152
0,982	2,36562	2,36975	2,37392	2,37814	2,38240
0,983	2,38671	2,39106	2,39545	2,39989	2,40437
0,984	2,40891	2,41350	2,41814	2,42283	2,42758
0,985	2,43238	2,43724	2,44215	2,44713	2,45216
0,986	2,45726	2,46243	2,46765	2,47296	2,47833
0,987	2,48377	2,48929	2,49488	2,50055	2,50631
0,988	2,51214	2,51807	2,52408	2,53019	2,53640
0,989	2,54270	2,54910	2,55562	2,56224	2,56897
0,990	2,57583	2,58281	2,58991	2,59715	2,60453
0,991	2,61205	2,61973	2,62756	2,63555	2,64372
0,992	2,65207	2,66061	2,66934	2,67829	2,68745
0,993	2,69684	2,70648	2,71638	2,72655	2,73701
0,994	2,74778	2,75888	2,77033	2,78215	2,79438
0,995	2,80703	2,82016	2,83379	2,84796	2,86274
0,996	2,87816	2,89430	2,91124	2,92905	2,94784
0,997	2,96774	2,98888	3,01145	3,03567	3,06181
0,998	3,09023	3,12139	3,15591	3,19465	3,23888
0,999	3,29053	3,35279	3,43161	3,54008	3,71902

Beispiel: $P(|X - \mu| < t\sigma) = 0{,}9692 \Rightarrow t = 2{,}15965$